中 等 职 业 教 育 "十 三 五" 规 划 教 材

中国煤炭教育协会职业教育教学与教材建设委员会审定

矿井粉尘防治

（第 2 版）

主编　郝玉柱

煤 炭 工 业 出 版 社

· 北 京 ·

内 容 提 要

　　本书系统阐述了矿尘及其危害、矿山尘肺职业病、综合防尘措施、煤尘爆炸事故的预防及防治、粉尘的检测、防尘供水系统、矿井粉尘防治措施编制、矿井粉尘事故案例分析的内容。

　　本书可作为煤炭中等专业学校、高级技工学校和职业中学采矿技术专业及相关专业的通用教材，也可作为企业在职人员的培训教材及从事矿井采矿工作的工程技术人员、生产管理人员参考用书。

煤炭中等专业教育分专业教学与教材建设委员会

（矿井通风与安全类专业）

修 订 说 明

根据中等职业教育"十三五"规划教材及中国煤炭教育协会职业教育教学与教材建设委员会的要求，组织了《矿尘防治》教材的修订。教材修订过程中，除了满足组织方的要求外，主要针对当前煤炭行业的形势，对教材的内容做了一定的修订。

针对当前煤炭行业的形势，增加了矿尘防治实践内容，主要是将一些典型矿井现行的矿井防尘实践介绍给学生，以便学生能对现场进行零距离对接，不仅解决了学生毕业后到现场无法尽快适应现场要求的问题，也解决了学生在校期间实习的困难。

本书由石家庄工程技术学校郝玉柱修订并统稿。

中国煤炭教育协会职业教育

教学与教材建设委员会

2017 年 5 月

前　言

为贯彻《教育部办公厅、国家安全生产监督管理总局办公厅、中国煤炭工业协会关于实施职业院校技能型紧缺人才培养培训工程的通知》（教职成厅〔2008〕4号）精神，加快煤炭行业专业技能型人才培养培训工程建设，培养煤矿生产一线需要，具有与本专业岗位群相适应的文化水平和良好职业道德，了解矿山企业生产全过程，掌握本专业基本专业知识和技术的技能型人才，经教育部职成司教学与教材管理部门的同意，中国煤炭教育协会依据"矿井通风与安全"专业教学指导方案，组织煤炭职业学（院）校专家、学者编写了矿井通风与安全专业系列教材。

《矿尘防治》一书是中等职业教育规划教材矿井通风与安全专业中的一本，可作为中等职业学校矿井通风与安全专业基础课程教学用书，也可作为在职人员培养提高的培训教材。

本书由石家庄工程技术学校郝玉柱主编并统稿，第一章至第六章由甘肃煤炭工业学校张宏升编写，第七章、第八章由郝玉柱编写。

中国煤炭教育协会职业教育

教学与教材建设委员会

2011 年 5 月

目　　次

第一章 矿尘及其危害

矿尘是指矿山建设和生产过程中产生的并能较长时间悬浮于空气中的细微固体颗粒，也称为粉尘。矿山采矿过程中产生的各类粉尘在性质、危害、分析与检测方法、防治技术措施等方面也有很大差别，相关的矿山安全法律、法规、标准对不同类别的粉尘也有不同的规定。在煤矿，常见的粉尘主要有煤尘、岩尘、水泥粉尘，它们是矿尘防治的重点。

第一节 矿尘的分类

矿尘的分类方法有多种，下面介绍几种常用的分类方法。

一、按矿尘存在状态划分

（1）浮游矿尘：指悬浮于矿井空气中的矿尘，简称浮尘。

（2）沉积矿尘：从矿井空气中因自重而沉降下来，附在巷道周壁以及积存在巷道内的矿尘，简称落尘。

浮尘和落尘在不同环境下可以相互转化。浮尘在空气中飞扬的时间不仅与尘粒的大小、重量、形式等有关，还与空气的湿度、风速等大气参数有关。在一定条件下（例如风流速度降低、尘粒被湿润、尘粒的凝聚等），浮尘因自重可沉降为落尘；而落尘受外界条件干扰（例如车辆运行、煤岩垮落、割煤机滚筒旋转诱导的气流和爆破冲击波、井下风流速度提高、凿岩机的排气、风筒漏风等），又可再次飞扬起来变为浮尘。

二、按矿尘粒径划分

（1）粗尘：粒径大于 40 μm，相当于一般筛分的最小颗粒，在空气中极易沉降。

（2）细尘：粒径为 10～40 μm，在明亮的光线下肉眼可见，在静止空气中作加速沉降。

（3）微尘：粒径为 0.25～10 μm，用光学显微镜可以观察到，在静止空气中作等速沉降。

（4）超微尘：粒径小于 0.25 μm，要用电子显微镜才能观察到，在空气中作扩散运动。

三、按矿尘粒径组成范围划分

（1）全尘（总矿尘）：矿尘采样时获得的包括各种粒径在内的矿尘的总和。

（2）呼吸性矿尘：主要指粒径在 5 μm 以下的微细尘粒。它通过人体上呼吸道进入肺泡区，是导致尘肺病的主要原因，对人体威胁极大。

全尘和呼吸性矿尘是矿尘检测中常用的术语。显然，全尘包括呼吸性矿尘，它们都是矿尘的物理参数。在一定条件下，两者有一定比例关系，其比值大小与矿物性质及生产条件有关，可以通过多次矿尘粒径分布测定获得。

四、按矿尘中游离二氧化硅含量划分

（1）硅尘：游离二氧化硅含量在 10% 以上的矿尘。它是引起矿工尘肺病的主要因素。煤矿中的岩尘一般多为硅尘。

（2）非硅尘：游离二氧化硅含量在 10% 以下的矿尘。煤矿中的煤尘一般为非硅尘。国内外矿山矿尘浓度标准的确定，均是以矿尘中游离二氧化硅含量的多少为依据的。

五、按矿尘有无爆炸性划分

（1）有爆炸性煤尘：经过爆炸性鉴定，确定悬浮在空气中的煤尘，在一定浓度和有引爆热源的条件下，本身能发生爆炸或传播爆炸的煤尘。

（2）无爆炸性煤尘：经过爆炸性鉴定，不能发生爆炸或传播爆炸的煤尘。

（3）惰性矿尘：能够减弱和阻止有爆炸性煤尘爆炸的矿尘，如岩粉等。

六、按矿尘成因划分

（1）原生矿尘：在开采之前因地质作用和地质变化等原因而生成的矿尘。原生矿尘存在于煤体和岩体的层理、节理和裂隙之中。

（2）次生矿尘：在采掘、装载、转运等生产过程中，因破碎煤岩而产生的矿尘。次生矿尘是煤矿井下矿尘的主要来源。

七、按矿尘的成分划分

按矿尘成分，煤矿矿尘可分为煤尘、岩尘、水泥矿尘等。

（1）煤尘的一般含义为"细微颗粒的煤炭矿尘"，但随应用场合不同而又有不同的严格定义。在评价作业场所空气中呼吸性矿尘状况时，将游离二氧化硅含量低于 10% 的煤炭矿尘定义为煤尘；而在评价作业人员接触呼吸性煤尘状况时，将游离二氧化硅含量小于 5% 的煤炭矿尘定义为煤尘。

（2）岩尘一般是指细微颗粒的岩石矿尘。在评价作业场所空气中呼吸性岩尘状况时，也使用"矽尘"一词表示岩尘，这两个名词的含义应该是相同的。岩尘中游离二氧化硅含量一般大于 10%。

（3）水泥矿尘是指煤矿井上下有些场所生产、使用水泥或水泥制品时产生的矿尘。例如，煤矿井下的典型场所为锚喷作业点，大量使用水泥，产生水泥矿尘。

八、按矿尘产生与生产关系划分

按矿尘产生与生产关系划分为生产性矿尘与非生产性矿尘。只要煤炭生产过程中伴随着煤和岩石的破碎而产生的矿尘就是生产性矿尘，非此过程中产生的即为非生产性矿尘。

第二节 矿尘的产生源

为准确测定矿尘的性状、评价安全生产水平和作业人员所受尘害状况及有针对性地采取矿尘控制技术控制矿尘产生量，必须了解和掌握矿尘的产生源。矿井的主要尘源在采煤工作面，掘进工作面，煤（岩）装运、转载点，锚喷作业点，另外其他工作场所也产生大量矿尘。

尽管井下各生产系统及各工序环节的产尘量并非一成不变，且受到多种条件的制约而经常发生变化，但一般按产尘来源分析，在现有防尘技术条件下，各生产环节所产生的浮尘比例关系大致是采煤工作面产尘量占45%～80%，掘进工作面产尘量占20%～38%，锚喷作业点产尘量占10%～15%，运输通风巷道产尘量占5%～10%，其他作业点产尘量占2%～5%。

一、采煤工作面的产尘源

1. 普通采煤工作面

普通采煤工作面的主要产尘工序有采煤机落煤、装煤、液压支架移架、运输转载、输送机运煤、人工攉煤、爆破及放煤口放煤等。

采煤工作面的各种产尘工序的产尘机理一般可分为摩擦和抛落两种机制，前者产生的大颗粒矿尘较多，后者产生的呼吸性矿尘较多。采煤机截煤产尘相对于其他工序来说，摩擦为主要产尘机制，其产生的呼吸性矿尘较多，因此经常更换截齿以保持截齿的锐利很重要。目前，各工序的产尘特点研究尚不充分，有待进一步加强，以便有针对性地采取矿尘控制技术措施。

2. 综采放顶煤工作面

综采放顶煤开采技术是20世纪90年代以来在我国大面积推广的比较先进的采煤方法，但工作面矿尘问题也引起较多关注。综采放顶煤工作面的产尘环节主要有采煤机落煤、放煤、移架、装煤和运煤。从微观方面分析，煤尘产生可分为摩擦、抛落和摩擦与抛落相结合等方式。

摩擦产尘发生在煤与煤、煤与岩石之间，也发生在煤与截齿及其他机械设备之间。采煤机截煤时，其截齿与煤体接触给煤体以挤压力，推动煤体移动、破坏，截齿首先与煤接触，不可避免地在两者之间产生摩擦，产生煤尘；同时，煤体被挤压部分要产生移动、破坏，在移动过程中，同煤体其他部分及煤块产生摩擦，产生矿尘。类似地，在放煤、移架、装煤和运煤过程中，也会发生这种煤与煤、煤与机械设备之间的摩擦产尘现象。

机械割煤时，煤块在滚筒动力作用下发生抛落现象，抛落时煤块要发生破碎产尘。在顶煤放落、运输、移架过程中，这种抛落产尘也很常见。

煤块在斜向抛落于其他物体之上时，既与该物体产生摩擦，也伴有破碎，即抛落与摩擦相结合的产尘方式。事实上，严格意义上的垂直抛落是不存在的，总是在抛落时伴有摩擦。

二、掘进工作面的产尘源

掘进工作面的产尘工序主要有机械破岩（煤）、装岩、爆破、煤矸运输转载及锚喷等。一般而言，掘进工作面各工序产生的矿尘含游离二氧化硅成分较多，对人体危害大，操作人员很有必要进行个体防护。统计资料也表明，掘进工人的尘肺病发病率比采煤工人高，这也是由于掘进工人接触的矿尘具有较高的游离二氧化硅所致。

三、其他地点的产尘源

巷道维修的锚喷现场、煤炭装载、转载、卸载点等也都会产生高浓度矿尘，尤其是煤炭装载、转载、卸载点的瞬时矿尘浓度有时高达每立方米数克，有时甚至达到煤尘爆炸浓度界限，十分危险，应予以充分重视。

此外，地面煤炭装运、煤堆、矸石山等由于风力作用也产生大量矿尘，使矿区周边空气环境受到严重污染，对居民健康和植物都造成十分不利的影响。

第三节　影响矿尘产生的因素

煤矿作业的各个生产环节都可能产生矿尘。这些产尘作业工序主要包括：① 各类钻眼作业，如风钻或煤电钻打眼，打锚杆眼、注水孔等；② 爆破作业；③ 采煤机割煤、装煤和掘进机掘进；④ 采场支护、顶板冒落或冲击地压；⑤ 各类巷道支护，特别是锚喷支护；⑥ 各种方式的装载、运输、转载、卸载和提升；⑦ 通风安全设施的构筑等。

由于煤、岩地质条件和物理性质的不同，以及采掘方法、作业方式、通风状况和机械化程度的不同，不同矿井矿尘的生成量有很大的差异。即使在同一矿井里，产尘的多少也因地因时发生变化。矿尘生成量的多少主要取决于地质构造及煤层赋存条件、煤岩的物理性质、环境的温度和湿度、采煤方法、采掘机械化程度和生产强度、产尘点的通风状况等。

一、自然条件

1. 地质构造及煤层赋存条件

在地质构造复杂、断层褶曲发育并且受地质构造破坏强烈的地区开采时，矿尘产生量较大；反之则较小。井田内如有火成岩侵入，煤体变脆变酥，产尘量也将增加。一般来说，开采急倾斜煤层比开采缓倾斜煤层的产尘量要大，开采厚煤层比开采薄煤层的产尘量要大。

2. 煤岩的物理性质

通常，节理发育且脆性大的煤易碎，结构疏松而又干燥坚硬的煤（岩）在采掘工艺相近的条件下产尘既细微又量大。

3. 环境的温度和湿度

煤（岩）本身水分低、煤帮岩壁干燥且环境相对湿度低时，作业时产尘量会相对增大。如煤（岩）体本身潮湿，矿井空气湿度又大，虽然作业时产尘较多，但得益于水蒸气和水滴的湿吸作用，矿尘悬浮性减弱，空气中矿尘含量会相对减少。

二、采掘条件

1. 采煤方法

不同的采煤方法，产尘量差异很大。例如，急倾斜煤层采用倒台阶开采比水平分层开采产尘量要大；全部垮落采煤法比水砂充填法的产尘量要大。就减少产尘量而言，旱采（特别是机采）又远不及水采。

2. 采掘机械化程度和生产强度

煤矿采掘工作面的产尘量随着采掘机械化程度的提高和生产强度的加大而急剧上升。在地质条件和通风状况基本相同的情况下，炮采工作面干放炮时矿尘浓度一般为 $300 \sim 500 \ mg/m^3$，机采干割时矿尘浓度为 $1000 \sim 3000 \ mg/m^3$，而综采干割煤时矿尘浓度则高达 $4000 \sim 8000 \ mg/m^3$，有的甚至更高。在采取煤层注水和喷雾洒水防尘措施后，炮采的矿尘浓度一般为 $40 \sim 80 \ mg/m^3$，机采为 $30 \sim 100 \ mg/m^3$。综采工作面使用双滚筒采煤机组时，产尘量与截割机构的结构参数及采煤机的工作参数密切相关；而综放工作面产尘具有尘源多、产尘强度高、持续时间长等特点，它比综采工作面的防尘难度要大。

三、矿井通风条件

矿尘浓度的大小和作业地点的通风方式、风速及风量密切相关。当井下实行分区通风、风量充足且风速适宜时，矿尘浓度就会降低；如采用串联通风，含尘污风再次进入被串联作业地点，或工作面风量不足、风速偏低时，矿尘浓度就会逐渐增高。保持产尘点良好的通风状况，关键在于选择最佳排尘风速。

第四节　矿尘的性质

煤矿生产过程中产生的矿尘一般都不伴有化学变化，因此漂浮于空气中矿尘的化学成分与其原矿物的化学成分基本相同。煤炭、岩石往往由多种矿物成分组成，这些成分的硬度有差别，某些成分较易破碎形成细小颗粒，某些成分密度较小，其细小颗粒容易悬浮在空气中，所以悬浮于空气中的矿尘，其成分与原始物料略有不同，但这种差别一般很小。工程上常把煤炭、岩石的化学成分与煤炭、岩石矿尘的成分等同对待。

一、矿尘的化学成分

二氧化硅是地壳内最常见的氧化物，它以两种状态存在：一种是结合状态的二氧化硅，即硅酸盐矿物，其危害性不大；另一种是游离状态的二氧化硅，主要为石英，是许多矿岩的组成成分，是引起人体尘肺病的主要因素。煤系地层中的砂岩、砾岩和砂质页岩中都含有游离二氧化硅。矿尘中游离二氧化硅的含量越高，危害越大。

煤矿岩巷掘进，特别是在砂岩中掘进时，产生的矿尘中游离二氧化硅含量都比较高，一般为 20% ~50%；煤尘中游离二氧化硅含量一般不超过 5%；锚喷支护时，水泥矿尘中的二氧化硅主要为结合状态，危害性不大，但长期吸入水泥矿尘，会引起水泥尘肺、肺气肿等。

二、矿尘的粒度与比表面积

矿尘粒度是指矿尘颗粒的平均直径，单位为 μm。

矿尘的比表面积是指单位质量矿尘的总表面积，单位为 m^2/kg 或 cm^2/g。

矿尘的比表面积与矿尘的粒度成反比，粒度越小，比表面积越大，因而这两个指标都可以用来衡量矿尘颗粒的大小。煤岩破碎成微细的尘粒后，矿尘的比表面积增大，它的表面能也随之增大，增强了表面活性。在研究矿尘的湿润、凝聚、附着、吸附、燃烧等性能时，必须考虑其比表面积。例如微细矿尘的表面吸附能力增强，容易吸附空气而在尘粒表面形成气膜，降低了尘粒间的凝聚以及影响其尘粒的湿润性，更难把矿尘从空气中捕捉分离出来。

三、矿尘的分散度

矿尘的分散度是指矿尘整体组成中各种粒级尘粒所占的百分比。它表征岩矿被粉碎的程度，通常所说的高分散度矿尘即表示矿尘总量中微细尘粒多，所占比例大；低分散度矿尘即表示矿尘中粗大的尘粒多，所占比例大。矿尘分散度越高，危害性越大，而且越难捕获。矿尘分散度是衡量矿尘颗粒大小构成的一个重要指标，是研究矿尘性质与危害的一个重要参数，有质量分散度和数量分散度两种表示方法：

（1）各粒级尘粒的质量占总质量的百分比称为质量分散度。

（2）各粒级尘粒的颗粒数占总颗粒数的百分比称为数量分散度。粒级的划分是根据粒度大小和测试目的确定的，我国工矿企业将矿尘粒级划分为 4 级：小于 2 μm、2 ~ 5 μm、5 ~ 10 μm 和大于 10 μm。

矿尘组成中，小于 5 μm 的尘粒所占的百分比越大，对于人体的危害就越大。一般情况下，矿井生产过程中所产生的矿尘，小于 5 μm 的往往占 80% 左右；湿式作业条件下，矿尘浓度可以降低，但分散度增加，个别场合小于 5μm 的矿尘可达 90% 以上。这部分矿尘不仅危害性很大，而且更难捕获和沉降。为此，小于 5 μm 尘粒的控制应是通风防尘工作的重点，更是矿井矿尘职业病防治的重点。

四、矿尘的吸附性

其他物质分子在矿尘表面上相对聚集的现象称为矿尘的吸附现象。由于矿尘具有较大的表面及自由能，而物质又具有由高能态向低能态转化的趋势，能态越低越稳定，所以，它对周围分子尤其是快速移动的气体分子具有吸附性，通过吸附其他分子来降低部分表面自由能。

五、矿尘的湿润性

液体对固体表面的湿润程度取决于液体分子对固体表面作用力的大小，而对同一矿尘尘粒来说，液体分子对尘粒表面的作用力又与液体的力学性质即表面张力的大小有关。表面张力越小的液体，对尘粒越容易湿润。不同性质的矿尘对同一性质的液体的亲和程度是不相同的，这种不同的亲和程度称为矿尘的湿润性。

矿尘的湿润性还与矿尘的形状和大小有关，球形粒子的湿润性比不规则形状的粒子要小；矿尘越细，亲水能力越差。例如，石英的亲水性好，但粉碎成粉末后亲水能力却大大降低。

在除尘技术中，矿尘的湿润性是选用除尘设备的主要依据之一。对于湿润性好的亲水性矿尘（中等亲水、强亲水），可选用湿式除尘器。为了加强液体（水）对矿尘的浸润，往往要加入某些润湿剂，以减少固、液之间的表面张力，增加矿尘的亲水性，提高除尘效率。

六、矿尘的凝聚和附着

细微矿尘增大了表面能，即增强了尘粒的结合力。一般把尘粒间互相结合形成一个新的大尘粒的现象称为凝聚；尘粒和其他物体结合的现象称为附着。矿尘的凝聚与附着是在粒子相距非常近时，由于分子间的引力作用而造成的。一般尘粒间距离较大，需要有外力作用使尘粒间碰撞、接触，促使其凝聚和附着。这些外力有分子间力、静电力等。

七、矿尘的自燃和爆炸性

当煤等可燃性物料被研磨成粉料时，总表面积增加，系统的表面自由能也增加，从而提高了矿尘的化学活性，特别是提高了氧化产热的能力，这种情况在一定条件下会转化为燃烧状态。矿尘的自燃是由于矿尘氧化而产生的热量不能及时散发，而使氧化反应自动加速所造成的。

各类可燃性矿尘的自燃温度相差很大。根据不同的自燃温度可将可燃性矿尘分成两类：第一类矿尘的自燃温度高于周围环境的温度，因而只能在加热时才能引起燃烧；第二类矿尘的自燃温度低于周围空间的温度，甚至在不加热时都可能引起自燃，这种矿尘造成火灾的危险性最大。在封闭或半封闭空间内，可燃性悬浮矿尘燃烧导致的化学爆炸的矿尘最低浓度和最高浓度称为爆炸的下限和上限。处于上下限浓度之间的矿尘都具有爆炸危险性。在封闭或半封闭空间内低于爆炸浓度下限或高于爆炸浓度上限的矿尘虽然不能爆炸，但是可以燃烧，因此也是不安全的。

八、矿尘的电性质

1. 荷电性

自然界中的矿尘通常都带有电荷，使矿尘带有电荷的原因有很多，诸如粒子间撞击、电磁辐射、物料破碎时摩擦、电晕放电等，且矿尘的正负电荷几乎相等，因而悬浮于空气中的矿尘整体呈电中性。矿尘荷电量的大小取决于物料的化学成分和与其接触的物质，如高温可使带电量增加，高湿则使带电量减少。通常在干燥空气中，矿尘表面的最大荷电量约为 $2.7 \times 10^{-9} C/cm^2$，而矿尘由于自燃产生的电量却仅为最大荷电量的很小一部分。一般而言，非金属矿尘与酸性氧化物常带正电荷；金属矿尘和碱性氧化物则带负电荷。异性荷电尘粒因相互吸引、黏着、凝结，增大了尺寸而加速沉降；同性荷电尘粒由于排斥作用增加了飘浮于空气中的相对稳定性。呼吸性矿尘一般带负电，大颗粒矿尘带正电或呈电中性。研究矿尘电性质一方面可利用其特性研制电除尘设备；另一方面带电尘粒吸入肺组织，较易沉积于支气管、肺泡中，增加了对人体的危害。表1-1是在一次实测中所得的井下矿尘电荷数据。

表1-1 井下矿尘电荷 %

作业方式	带正电荷粒子	带负电荷粒子	不带电粒子
干式凿岩	49.8	44.0	6.2
湿式凿岩	46.7	43.0	10.3
爆破	34.5	50.6	14.9

2. 比电阻

矿尘的电性质对除尘有着重要的意义，目前在地面环境或工厂除尘技术中，越来越多地利用矿尘的电性质来捕集矿尘。可是矿尘的自然荷电具有两性，且荷电量也很小。为了达到捕集的目的，须利用附加条件使矿尘带电荷。矿尘的导电性通常用比电阻表示。矿尘比电阻可用圆板电极法测出，即在两圆板电极间堆积矿尘层，在两极间加直流电压，测出电压、电流后算出比电阻。比电阻是评定矿尘导电性的指标，一般在 $1 \times 10^4 \sim 1 \times 10^{11} \Omega \cdot cm$ 范围内，比较适于静电除尘。

九、矿尘的光学特性

矿尘的光学特性包括矿尘对光的反射、吸收和透光程度等。可以利用矿尘的光学特性来测定矿尘的浓度和分散度。通过含尘气流的光的强度减弱程度与矿尘的透明度和形状有关，但主要取决于矿尘粒子的大小及浓度。尘粒粒径大于光波波长和小于光波波长对光的反射和折射作用也是不同的。

对于直径大于波长的尘粒，通过的光强符合几何光学的"平方定律"，即正比于尘粒所遮挡的横断面面积。当粒径大于 $1~\mu m$ 时，通过的光强实际上与波长无关。

十、矿尘的安息角与滑动角

矿尘自漏斗连续落到水平板上堆积成圆锥体，圆锥体的母线同水平面之间的夹角称为矿尘的安息角，也叫休止角、（自然）堆积角、安置角等。

滑动角是指光滑平面倾斜时矿尘开始滑动的倾斜角。矿尘在空气中以极其缓慢的速度自由沉降，所堆积成的堆积角称为静堆积角。

矿尘的安息角及滑动角是评价矿尘流动特征的一个重要指标。安息角小的矿尘，其流动性好；相反，安息角大的矿尘其流动性差。

矿尘安息角和滑动角是设计除尘器灰斗锥度、除尘管路或输灰管路倾斜度的主要依据。

影响矿尘安息角和滑动角的因素有矿尘粒径、含水率、粒子形状、粒子表面光滑程度、矿尘黏性等。

综上所述，由于矿尘的分散度较大，具有较大的表面积，从而具有较高的表面自由能，使矿尘的状态不稳定，活性增高，在理化性质上表现为矿尘较之原物质具有较小的点火能量和自燃点。例如，块状时不能燃烧的铁块，在粉碎成矿尘时，最小点火能量小于 100 mJ，自燃点小于 300 ℃，煤粉的点火能量小于 40 mJ。表面积的增大和吸附特性的存在，使得矿尘与空气中氧分子的接触面增大，增加了反应速度；表面积的增大还使固体原有的导热能力下降，易使局部温度上升，也有利于反应进行。

第五节　矿尘含尘量的计量指标

一、矿尘浓度

单位体积矿井内空气中所含浮尘的数量称为矿尘浓度，其表示方法有两种：

一是质量法，每立方米空气中所含浮尘的毫克数，单位为 mg/m^3。

二是计数法，每立方厘米空气中所含浮尘的颗粒数，单位为粒/cm^3。

我国规定采用质量法来计量矿尘浓度。《煤矿安全规程》对作业场所空气中矿尘（总矿尘、呼吸性矿尘）浓度标准做了明确规定，见表 1-2。

表 1-2 作业场所空气中矿尘浓度要求

矿尘种类	游离二氧化硅含量/%	时间加权平均容许浓度/$(mg \cdot m^{-3})$	
		总　尘	呼　尘
煤尘	<10	4	2.5
矽尘	10~50	1	0.7
	50~80	0.7	0.3
	≥80	0.5	0.2
水泥尘	<10	4	1.5

注：时间加权平均容许浓度是以时间加权数规定的 8 h 工作日、40 h 工作周的平均容许接触浓度。

同时《煤矿安全规程》还规定，煤矿企业必须按国家规定对生产性矿尘进行监测，并遵守下列规定：

（1）总矿尘浓度，井工煤矿每月测定 2 次；露天煤矿每月测定 1 次。矿尘分散度每 6 个月测定 1 次。

（2）呼吸性矿尘浓度每月测定 1 次。

（3）矿尘中游离二氧化硅含量每 6 个月测定 1 次，在变更工作面时也必须测定 1 次。

（4）开采深度大于 200 m 的露天煤矿，在气压较低的季节应当适当增加测定次数。

二、产尘强度

产尘强度是指生产过程中采落煤中所含的矿尘量，又称绝对产尘强度，常用的单位为 g/t。

三、相对产尘强度

相对产尘强度是指每采掘 1 t 或 1 m^3 矿岩所产生的矿尘量，常用单位为 mg/t 或 mg/m^3。凿岩或井巷掘进工作面的相对产尘强度也可按每钻进 1 m 钻孔或掘进 1 m 巷道计算。相对产尘强度将产尘量与生产强度联系起来，便于比较不同生产情况下的产尘量。

四、矿尘沉积量

矿尘沉积量是指单位时间在巷道表面单位面积上所沉积的矿尘量，单位为 g/($m^2 \cdot$ d)。这一指标用来表示巷道中沉积矿尘的强度，是确定岩粉撒布周期的重要依据。

第六节 矿 尘 的 危 害

矿尘具有很大的危害性，主要表现在以下 4 个方面：①污染工作场所，危害人体健康，引起职业病。轻者会患呼吸道炎症、皮肤病，重者会患尘肺病；②某些矿尘（如煤尘、硫化尘）在一定条件下可以爆炸；③加速机械磨损，缩短精密仪器使用寿命；④降低工作场所能见度，增加工伤事故的发生。其中，以尘肺病和矿尘爆炸危害最大，直接危害工人身体健康和生命安全。

一、环境污染

污染工作场所，当煤尘浓度达到一定程度时影响作业人员的视线，会引起伤亡事故，影响劳动生产效率，还会影响设备安全运行。

矿山向大气中排放的矿尘对矿区周围的生态环境有很大的影响，对生活环境、植物生长环境造成严重破坏。排入大气的矿尘中有相当一部分是飘尘，它可以几小时、几天甚至几年浮游在大气中。飘尘一般具有很强的吸附能力。很多有害气体、液体或某些金属元素（如镍、铬、锌等）都能吸附在其上，随着人的呼吸而被带入肺部深处或黏附在支气管壁上，引起或加重呼吸器官的各种疾病。1952 年 12 月发生在英国伦敦的"烟雾事件"，许多人吸入大气中以飘尘为"载体"的二氧化硫，以致在两个星期内造成 4000 多人死亡。另外，飘尘还会降低大气的可见度，促使烟雾的形成，使太阳辐射能传递受到影响。

此外，地面煤炭装运、煤堆、矸石堆（山）等由于风力作用也产生大量矿尘，使矿区周边空气环境受到严重污染，对居民健康和植物都造成十分不利的影响。

二、煤尘爆炸

随着矿井开采强度的加大，煤尘爆炸威胁逐渐呈现出来。

自煤炭开采进入规模化生产时代以来，煤尘爆炸已经成为煤炭生产中一个严重危险因素。有史记载的最早的煤尘爆炸是 1803 年发生在英国的沃尔德逊煤矿。根据不完全统计，英国在 1911—1941 年间发生过 146 次煤尘爆炸事故，美国在 1925—1945 年间发生过 30 次煤尘爆炸事故。我国也曾经发生多起煤尘爆炸事故。1960 年发生在山西大同矿务局老白洞煤矿的煤尘爆炸事故，死亡 684 人，为新中国成立以来煤炭工业死亡人数最多的一起事故。2005 年 11 月 27 日，黑龙江龙煤矿业集团七台河分公司东风煤矿发生一起煤尘爆炸事故，造成 171 人死亡，48 人受伤，直接经济损失达 4293 万元。

煤尘爆炸的危害性表现为对作业人员的伤害和设备的破坏两方面，其特征可概括为如下 6 个方面：

1. 产生高速火焰

煤尘着火燃烧的氧化反应主要是在气相内进行的。当煤尘云开始被点燃时，产生的火焰和压力波两者的传播速度几乎相同。随着时间延长，压力波的传播速度加快。国外用化学方法算出的煤尘爆炸最大火焰速度为 1120 m/s，而在试验中所测得的火焰速度为 610 ~ 1800 m/s，计算出的压力波速度为 2340 m/s。

2. 产生高温

根据实验室测定，煤尘爆炸火焰的温度是 1600 ~ 1900 ℃。煤尘爆炸产生的热量，可使爆炸地点的温度高达 2000 ℃以上。这是煤尘爆炸得以自动传播的条件之一。

3. 产生高压

煤尘爆炸的理论压力为 736 kPa，但是在有大量沉积煤尘的巷道中，爆炸压力将随着离开爆源的距离的增加而跳跃式地增大。只要巷道中有煤尘，这种爆炸就会不停地向前发展，一直传播到没有煤尘的地点为止。对发生过煤尘爆炸事故的矿井调查表明，一般距爆源 10～30 m 以内的地点，破坏较轻，而离爆源越远，破坏越严重。根据煤尘爆炸平硐试验，距爆源 200 m 的巷道出口处，爆炸压力可达 0.5～1.0 MPa。如在爆炸波传播的通道内有障碍物、断面突然变化处或拐弯等，爆炸压力还将上升。

4. 连续爆炸

煤尘爆炸和瓦斯爆炸一样，都伴随有两种冲击：一是进程冲击，即在高温作用下爆炸瓦斯及空气向外扩张；二是回程冲击，即发生爆炸地点空气受热膨胀，密度减小，瞬时形成负压区，在气压差作用下，空气向爆源逆流，促成的空气冲击简称"返回风"，若该区内仍存在着可以爆炸的煤尘和热源，就会因补给新鲜空气而发生第二次爆炸。

由于煤尘爆炸的压力波传播速度很快，能将巷道中的落尘扬起，使巷道中的煤尘浓度迅速达到爆炸范围，因而当落后于压力波的火焰到达时，就能再次发生煤尘爆炸。有时可如此反复多次，形成连续爆炸。

连续爆炸是煤尘爆炸的一个重要特征。因为再次爆炸是在前一次爆炸的基础上发生的，爆炸前的初压往往大于大气压，所以在很多情况下，在一定距离范围内，离爆源越远破坏力越大。

5. 挥发分减少或形成黏焦

煤尘爆炸时，参与反应的挥发分占煤尘挥发分含量的 40%～70%，致使煤尘挥发分减少。根据这一特征，可以判断煤尘是否参与了井下的爆炸。

气煤、肥煤、焦煤等黏结性煤尘，一旦发生爆炸，一部分煤尘会被焦化，黏结在一起，沉积于支架和巷道壁上，形成煤尘爆炸所特有的产物——焦炭皮渣或黏块，统称黏焦，如图 1-1 所示。

(a) 焦炭皮渣　　　(b) 黏块

图 1-1　黏焦

皮渣是一种烧焦到某种程度的煤尘集合体，其形状通常为椭圆形；而黏块是属于完全未受到焦化作用的煤尘集合体，其断面形状通常为三角形。黏焦也是判断井下发生爆炸事故时是否有煤尘参与的重要标志，同时还是寻找爆源及判断煤尘爆炸强弱程度的依据，因此是鉴定煤尘爆炸事故的一个重要依据。黏焦的形状与爆炸特征密切相关。

（1）弱爆炸时，火焰与爆风以慢速传播，黏焦黏附在支柱两侧，而迎风侧（迎向爆源方向）较密，且多呈椭圆形。

（2）中等强度爆炸时，传播速度较快，黏焦主要附着在支柱的迎风侧，且多呈三角形。

（3）强爆炸时，传播速度较快，黏焦附着在支柱的背风侧，而在迎风侧有燃烧的痕迹。

（4）距爆源较远处，由于煤尘颗粒飞扬较远和燃烧时间较长，可形成焦化作用较完全的焦炭颗粒，大量附着在巷道支柱的迎风侧和周壁上，或堆积在背风侧的支柱下边，在灯光照射下有闪光亮点。

6. 产生大量的一氧化碳

煤尘爆炸时产生的一氧化碳，在灾区气体中的浓度可达 2%～3%，甚至高达 8% 左右。爆炸事故受害者中的大多数（70%～80%）是由于一氧化碳中毒造成的。煤尘爆炸传播过程中，由于煤尘粒子的热变质和干馏作用，除产生一氧化碳、二氧化碳（富氧时）、甲烷和氢气以外，还产生干馏气体，并含有毒气体，如氢氰酸（HCN）。

三、机械磨损

空气中的矿尘落到机器的转动部件上，会加速转动部件的磨损，降低机器的精度和寿命。有些小型精密仪表，若掉进矿尘会使部件卡住而不能正常工作。矿尘对油漆、胶片生产和某些产品（如电容器、精密仪表、微型电机、微型轴承等）的质量影响很大。这些产品一经玷污，轻者返工，重者降级处理，甚至全部报废。尤其是半导体集成电路，其元件最细的引线只有头发直径的1/20或更细，如果落上矿尘就会使整块电路报废。

四、职业病

目前，在煤矿里危害最大的职业病就是尘肺病。尘肺病是工人在生产中长期吸入大量微细矿尘而引起的以纤维组织增生为主要特征的肺部疾病。一旦患病，目前还很难彻底治愈。因其发病缓慢，病程较长，且有一定的潜伏期，不同于瓦斯、煤尘爆炸和冒顶等工伤事故那么触目惊心，因此往往不被人们所重视。而实际上由尘肺病引发的矿工致残和死亡人数，在国内外都远远高于各类工伤事故的总和。

复习思考题

1. 什么是矿尘？按其存在状态可分为哪几种？
2. 煤矿矿尘的主要产生源在什么地点？
3. 影响矿尘产生的因素有哪些？
4. 什么是矿尘分散度？矿尘的分散度如何表示？
5. 矿尘含量的计量指标有哪些？其定义分别是什么？
6. 矿尘的危害性主要表现在哪几个方面？
7. 如何依据黏焦判断煤矿井下发生爆炸事故时是否有煤尘参与和寻找爆源及判断煤尘爆炸强弱程度？

第二章 矿山尘肺职业病

第一节 矿山尘肺病概述

一、患病状况概述

卫生部发布的 2009 年职业病防治工作和 2010 年重点工作情况通报显示，2009 年新发各类职业病 18128 例，其中尘肺病新增 14495 例，死亡 748 例，目前尘肺病仍是中国最严重的职业病。

根据 30 个省、自治区、直辖市（不包括西藏自治区）和新疆生产建设兵团职业病报告，2009 年新发各类职业病 18128 例。职业病病例数列前 3 位的行业依次为煤炭、有色金属和冶金，分别占总病例数的 41.38%、9.33% 和 6.99%。新中国成立以来至 2009 年底，累计报告职业病 722730 例。其中，2009 年共报告尘肺病新病例 14495 例，死亡病例 748 例。在 14495 例尘肺病新病例中，煤粉尘肺和硅肺占 91.89%。尘肺病发病的特点表现在工龄缩短、群发性尘肺病时有发生；中、小型企业尘肺病发病形势严峻；超过半数的尘肺病发生在中、小型企业。

二、防治工作成绩

我国煤炭系统尘肺病的防治工作经过多年研究，取得了较大成绩：煤矿职工硅肺发病年龄明显后移，20 世纪 50 年代诊断出的病人平均年龄为 40.34 岁，80 年代病人平均年龄为 50.5 岁，病人的病情有所减轻，死亡年龄后移。20 世纪 50 年代病人的死亡年龄平均为 42 岁，80 年代病人的平均年龄为 61.15 岁。虽然目前还没有根治硅肺病的办法，但通过治疗可以减少肺气肿、气管炎、肺心病、肺结核等并发症，减轻病人的痛苦，病人寿命可延长。

三、病例分布特点

统计资料表明，凡地质条件较差，开采方法落后，设备陈旧、先进设备难以应用的矿井尘肺发病率高于地质条件好、开采技术设备先进的矿井。

地方煤矿平均尘肺患病率高于国有重点煤矿。国有重点煤矿尘肺平均患病率为 6.33%，全国县以上地方煤矿的尘肺平均患病率高达 8.11%，原因主要是地方煤矿对防尘工作重视程度差，管理水平低，技术及设备条件落后等。

煤矿尘肺病人最多的省（市、区）是我国的产煤大省，依次为山西、河南、四川、辽宁、陕西、安徽、黑龙江等。但患病率高低分布不同，患病率较高的依次为青海、北京、福建、湖北、陕西和新疆等。

煤矿 I 期尘肺占全国总数的 74.75%，II 期、III 期分别占 21.29% 和 3.96%。

从煤矿尘肺发病工种分布看，纯掘进和主掘工种发病在各期煤矿尘肺中都占总病人数的 50% 以上，说明掘进工的作业环境仍是防尘工作中不可忽视的主要方面。许多尘肺患者是 20 世纪 50—70 年代的接尘工人，50—60 年代许多岩石掘进工作面还使用过干式风锤，危害程度比较大，患病率必然高。随着湿式作业及综合防尘的推广，岩尘危害相对减少。随着机械化的发展，采煤工作面煤尘浓度势必增大，煤尘危害增大，在尘肺发病的工人中，纯采煤和主要采煤工人患病率呈上升趋势。

四、国家职业病防治规划（2016—2020 年）目标

到 2020 年，形成用人单位负责、行政机关监管、行业自律、职工全面参与和社会广泛监督的职业病防治格局；形成较为完善的职业病防治法律法规标准体系、职业卫生服务体系和监督管理体系；掌握职业病防治情况，加强重点职业病和新发职业病的监测和评估能力；遏制接尘工龄在 5 年内的新发尘肺病病例的上升势头，有效控制职业性化学中毒和急性放射性职业病，劳动者职业健康权益保障水平进一步提高。各阶段的目标：

——到 2020 年，各地要全面掌握产生职业病危害用人单位的基本信息、存在的职业病危害因素、接触职业病危害的人员总数及开展职业健康检查情况、享受职业病工伤保障待遇和救助等相关信息。

——到 2020 年，用人单位职业病危害项目申报率达到 85% 以上；用人单位工作场所职业病危害检测评价率达到 65% 以上；用人单位主要负责人和职业卫生管理人员的职业卫生培训率分别达到 95% 以上；用人单位劳动者的职业健康监护率达到 75% 以上。

——建立完善与职责任务相适应、功能全面的职业病防治网络。到 2020 年，根据职业病防治工作实际需要，每个地级市至少有 1 家承担当地主要职业病诊断工作的医疗卫生机构，每个区县至少有 1 家能够承担当地职业健康检查工作需要的医疗卫生机构。

——到 2020 年，建立适合我国特点、功能完善的重点职业病监测、医疗卫生机构医用辐射防护监测与职业健康风险评估工作体系，科学、及时地反映我国职业病危害因素变化趋势和职业病发病特点。用人单位放射工作人员个人剂量计佩戴率达到 90%。

——到 2020 年，工伤保险覆盖率达到 90% 以上；符合救助标准的职业病病人救助覆盖率达到 90% 以上；职业病患者得到及时救助，各项权益得到有效保障。

——建立完善与职责任务相适应、专业高效的职业卫生专业队伍，每 10 万名劳动力人口配备职业卫生监管人员 20～30 人，配备职业病医师 2～3 人（以地级市为单位统计），配备职业健康检查人员 4～6 人（以县区为单位统计）。接触职业病危害因素劳动者多、危害程度重的用人单位应配备专职（或兼职）职业卫生专业医师或有执业医师资格的人员。

五、职业病防治现状与问题

职业病防治事关劳动者身体健康和生命安全，事关经济发展和社会稳定的大局。党中央、国务院历来高度重视职业病防治工作。《中共中央国务院关于深化医药卫生体制改革的意见》明确提出，要加强对严重威胁人民健康的职业病等疾病的监测与预防控制。《中华人民共和国职业病防治法》实施以来，各地区、各有关部门加大工作力度，开展职业

病危害源头治理和重点职业病专项整治，规范用人单位职业健康管理和劳动用工管理，严肃查处危害劳动者身体健康和生命安全的违法行为，全社会职业病防治意识逐步增强，大中型企业职业卫生条件有了较大改善，职业病高发势头得到一定遏制。但是，当前职业病防治形势依然严峻，突出问题包括：

（1）职业病病人数量大。改革开放30多年来，我国累计报告职业病50多万例，近年新发病例数仍呈上升趋势。由于职业病具有迟发性和隐匿性的特点，专家估计我国每年实际发生的职业病要大于报告数量。

（2）尘肺病、职业中毒等职业病发病率居高不下。尘肺病是我国最主要的职业病，约占职业病病人总数的80%，近年平均每年报告新发病例1万多例。

（3）职业病危害范围广。煤炭、冶金、化工、建材、汽车制造、医药等行业不同程度地存在职业病危害。许多中小企业工作场所劳动条件恶劣，劳动者缺乏必要的职业病防护。

（4）对劳动者健康损害严重。尘肺病等慢性职业病一旦发病往往难以治愈，伤残率高，严重影响劳动者身体健康甚至危及生命安全。

（5）群发性职业病事件时有发生。近年发生的河北省高碑店市农民工苯中毒、福建省仙游县和安徽省凤阳县农民工硅肺病等事件，一次性造成几十人甚至上百人患病，已成为影响社会稳定的公共卫生问题。

我国长期处于社会主义初级阶段，工业生产装备水平不高和工艺技术相对落后的状况将长期存在，在煤炭、冶金、化工等职业病危害较严重的行业，改善工作环境需要一个过程。在城镇化、工业化过程中，大量农民进城就业，他们流动性大，健康保护意识不强，职业病防护技能缺乏，加大了职业病防治监管的难度。随着经济和科技的发展，新技术、新工艺、新材料广泛应用，新的职业危害风险以及职业病不断出现，防治工作面临新的挑战。

第二节　尘肺病的发病机理

一、肺脏的防御功能

呼吸系统对外来致病的病原有一定的防御能力。上呼吸道的防御包括鼻毛的过滤、呼吸道黏膜的屏障作用及打喷嚏反射等。下呼吸道除了黏膜的防御外，还可以通过细胞的分泌→黏液→纤毛运动→咳嗽反射→痰咳出，进行防御。如果病原体入侵到肺部，隐藏在肺泡的人体防御军队（巨噬细胞、单核细胞、淋巴细胞等免疫细胞）就会向炎症部位聚集，用吞噬和细胞分泌有关细胞毒消灭病原体，同时人体的体液免疫系统启动，分泌免疫球蛋白可阻止细菌侵入器官表面组织。

二、肺脏对外来异物的清除作用

人体整个气管支气管树（直至终末细支气管）腔内都衬有纤毛细胞，通过黏液纤毛清除作用从气管支气管树中除去吸入的颗粒、内源性细胞碎屑和过多的分泌物，是呼吸道最重要的防御功能之一。有效的清除作用需要足够数量的纤毛，以适当的速率和一致的方向协调摆动，并需与黏液的理化性质相互作用，使之起转运物质的作用。

三、尘肺病的发病机理

尘肺病的发病机理至今尚未完全研究清楚。关于尘肺病形成的论点和学说有多种。

石英粉尘（即游离二氧化硅）是硅肺病发病的主要原因，但石英粉尘如何在肺内引起纤维化，论点和学说颇多。试验和研究证明，新鲜的二氧化硅粉尘表面活性很强，吞噬了硅尘的吞噬细胞，能使吞噬细胞崩解死亡。从免疫因素角度看，吞噬细胞吞噬异物后，在细胞内形成吞噬体，细胞内的初级溶酶体与吞噬体结合成次级溶酶体，次级溶酶体中的各种水解酶能消化外来异物，未消化完全的物质成为残余物暂时保留在细胞内或被排出细胞外。如果肺内进入了游离二氧化硅粉尘，则粉尘细胞在其毒性作用下往往很快崩解死亡，从崩解逸出的硅尘可由具有活力的吞噬细胞吞噬，这个过程可以反复进行。所以在游离二氧化硅粉尘的作业环境，连续接尘时间长或粉尘浓度过量的环境条件，除肺脏的防御功能受到破坏外，大量的死亡含尘细胞堆积，在肺部形成伤痕组织——硅肺病。

煤肺病的发病原理，大体上是由于煤尘在肺内各部位过量聚集和堆积，形成煤尘病灶。随着时间进展，网状纤维增生，并可能有胶原纤维增生，最终形成煤尘纤维化——煤肺病。

进入人体呼吸系统的粉尘大体上经历以下 4 个过程：

（1）在上呼吸道的咽喉、气管内，含尘气流由于沿程的惯性碰撞作用使大于 10 μm 的尘粒首先沉降在其内。经过鼻腔和气管黏膜分泌物黏结后形成痰排出体外。

（2）在上呼吸道的较大支气管内，通过惯性碰撞及少量的重力沉降作用，使 5 ~ 10 μm 的尘粒沉积下来，经气管、支气管上皮的纤毛运动，咳嗽随痰排出体外。因此，进入下呼吸道的粉尘，其粒度均小于 5 μm，目前比较统一的看法是空气中 5 μm 以下的粉尘是引起尘肺病的有害部分。

（3）在下呼吸道的细小支气管内，由于支气管分支增多，气流速度减慢，使部分 2 ~ 5 μm 的尘粒依靠重力沉降作用沉积下来，通过纤毛运动逐级排出体外。

（4）粒度为 2 μm 左右的粉尘进入呼吸性支气管和肺内后，一部分可随呼气排出体外；另一部分沉积在肺泡壁上或进入肺内，残留在肺内的粉尘仅占总吸入量的 1% ~ 2% 以下。残留在肺内的尘粒可杀死肺泡，使肺泡组织形成纤维病变出现网眼，逐步失去弹性而硬化，无法担负呼吸作用，使肺功能受到损害，降低了人体抵抗能力，并容易诱发其他疾病，如肺结核、肺心病等。在发病过程中，由于游离二氧化硅表面活性很强，加速了肺泡组织的死亡。

四、尘肺病的分类

煤矿尘肺病按吸入粉尘的成分不同，可分为 3 类：

（1）硅肺病。长期吸入游离二氧化硅含量较高的岩尘而引起的，患者多为长期从事岩巷掘进的矿工，也称矽肺病。

（2）煤硅肺病。由于长期同时吸入煤尘和含游离二氧化硅的岩尘所引起，患者多为岩巷掘进和采煤的混合工种矿工，也称煤矽肺病。

（3）煤肺病。长期大量吸入煤尘所致，患者多为长期在煤层中从事采掘工作的矿工。

作业人员从接触矿尘开始到肺部出现纤维化病变所经历的时间称为发病工龄。上述 3 种尘肺病中最危险的是硅肺病。其发病工龄最短，一般在 10 年左右，病情发展快，危害严重。煤肺病的发病工龄一般为 20～30 年，煤硅肺病介于两者之间但接近后者。

第三节　尘肺病的发病症状及影响因素

一、尘肺病的发病症状

1. 尘肺病人的临床表现

尘肺病人的临床表现主要是以呼吸系统症状为主的呼吸困难、咳嗽、咳痰、胸痛四大症状，此外尚有喘息、咯血以及某些全身症状。

（1）呼吸困难是尘肺病最常见和最早发生的症状，且和病情的严重程度相关。随着肺组织纤维化程度的加重、有效呼吸面积的减少、通气与血流比例的失调，缺氧导致呼吸困难逐渐加重。并发症的发生则会明显加重呼吸困难的程度和发展速度，并累及心脏，发生肺源性心脏病，使之很快发生心肺功能失代偿而导致心功能衰竭和呼吸功能衰竭，这是尘肺病人死亡的主要原因。

（2）咳嗽是一种呈突然、暴发性的呼气运动，有助于清除气道分泌物，因此咳嗽的本质是一种保护性反射。咳嗽受体分布于大支气管、气管及咽部等，受呼吸道分泌物刺激而兴奋引起咳嗽。咳嗽是尘肺病人最常见的主诉，主要和并发症有关。早期尘肺病人咳嗽多不明显，但随着病程的进展，病人多合并慢性支气管炎，晚期病人常易合并肺部感染，均使咳嗽明显加重。特别是合并有慢性支气管炎者咳嗽显著，也具有慢性支气管炎的特征，即咳嗽和季节、气候等有关。尘肺病人在合并肺部感染时，往往不像一般人发生肺部感染时有明显全身症状，可能表现为咳嗽较平时加重。吸烟病人咳嗽较不吸烟者明显。少数病人合并喘息性支气管炎，则表现为慢性长期的喘息，呼吸困难较合并单纯慢性支气管炎者更为严重。

（3）尘肺病人咳痰是常见的症状，即使在咳嗽很少的情况下，病人也会有咳痰，这主要是由于呼吸系统对粉尘的清除导致分泌物增加所致。在没有呼吸系统感染的情况下，一般痰量不多，多为黏液痰。煤矿尘肺病人痰多为黑色，晚期煤矿尘肺病人可咳出大量黑色痰，其中可明显地看到煤尘颗粒，多是大块纤维化病灶由于缺血溶解坏死所致。石棉暴露工人及石棉肺病人痰液中则可检查到石棉小体。如合并慢性支气管炎及肺内感染，痰量明显增多，痰呈黄色黏稠状或块状，常不易咳出。

（4）胸痛是尘肺病人最常见的主诉症状，几乎每个病人或轻或重均有胸痛，和尘肺期别以及其他临床表现多无相关或也不呈平行关系，早晚期病人均可有胸痛，其中可能以硅肺和石棉肺病人更多见。胸痛的部分原因可能是纤维化病变的牵扯作用，特别是有胸膜的纤维化及胸膜增厚，脏层胸膜下的肺大泡的牵拉及张力作用等。胸痛的部位不一且常有变化，多为局限性；疼痛性质多不严重，一般主诉为隐痛，亦有描述为胀痛、针刺样痛等。骤然发生的胸痛，吸气时可加重，常常提示气胸。

（5）咯血较为少见，可由于上呼吸道长期慢性炎症引起黏膜血管损伤，咳痰中带有少量血丝；亦可能由于大块纤维化病灶的溶解破裂损及血管而咯血量较多，一般为自限性的。尘肺大咯血罕见。合并肺结核是咯血的主要原因，且咯血时间较长，量也会较多。因此，尘肺病人如有咯血，应十分注意是否合并肺结核。

（6）除上述呼吸系统症状外，可有不同程度的全身症状，常见的有消化功能减弱、胃纳差、腹胀、便秘等。

2. 体征

早期尘肺病人一般无体征，随着病变的进展及并发症的出现，则可有不同的体征。听诊发现有呼吸音改变是最常见的，合并慢性支气管炎时可有呼吸音增粗、干性啰音或湿性啰音，有喘息性支气管炎时可听到喘鸣音。大块状纤维化多发生在两肺上后部位，叩诊时在胸部相应的病变部位呈浊音甚至实变音，听诊则语音变低，局部语颤可增强。晚期病人由于长期咳嗽可致肺气肿，检查可见桶状胸，肋间隙变宽，叩诊胸部呈鼓音，呼吸音变低，语音减弱。广泛的胸膜增厚也是呼吸音减低的常见原因。合并肺心病心衰者可见心衰的各种临床表现：缺氧、黏膜发绀、颈静脉充盈怒张、下肢水肿、肝脏肿大等。

3. 尘肺病的自觉症状

从自觉症状上，尘肺病分为 3 期：

Ⅰ期，重体力劳动时呼吸困难、胸痛、轻度干咳。

Ⅱ期，中等体力劳动或正常工作时，感觉呼吸困难，胸痛、干咳或带痰咳嗽。

Ⅲ期，做一般工作甚至休息时，也感到呼吸困难、胸痛、连续带痰咳嗽，甚至咯血和行动困难。

二、影响尘肺病的发病因素

尘肺病的发病工龄、临床症状等涉及因素很多且十分复杂，大体可归纳为 5 个方面。

1. 粉尘的成分

在粉尘引起疾病的危险程度上，粉尘的矿物成分比其化学成分更为重要，化学性质比物理性质更为重要，如游离二氧化硅比化合的二氧化硅危害更为严重。游离二氧化硅导致肺组织纤维化作用最强。游离二氧化硅含量越高，危害越大，病变发展的速度也越快。如吸入含游离二氧化硅 70% 以上的粉尘时，肺部往往形成以结节为主的弥漫性纤维化，且病情发展快、易融合；如粉尘中游离二氧化硅含量低于 10%，则肺内病变以间质性为主，发展慢且不易融合。所以，《煤矿安全规程》根据粉尘中游离二氧化硅的含量，对作业场所空气中粉尘（总粉尘、呼吸性粉尘）最高允许浓度做了明确规定。

对于煤尘，引起煤肺病的主要是它的有机质（即挥发分）含量。据试验，煤化作用程度越低，危害越大，因为煤尘的危害和肺内的积尘量都与煤化作用程度有关。

2. 粉尘的分散度

细微颗粒受重力影响很小，在空气中滞留时间长，被机体吸入的可能性大，且分散度高的浮尘吸入人体后可进入肺部的深部，从动物试验和尸检中发现，肺组织中多数都是直径 5 μm 以下的尘粒，能进入肺泡的尘粒主要是直径小于 2 μm 的粉尘，粒径在 0.5 μm 以下的尘粒，因重力极小，在空气中随气体分子运动可随呼气排出。

根据各国对不同粒径粉尘在肺脏的滞留规律的大量分析研究，总结出尘粒大小对健康损害的程度：直径为 1 μm 的尘粒对人体有 100% 的危害；直径为 5 μm 的尘粒对人体有 50% 的危害；直径为 7 μm 以上的尘粒对人体本身没有危害。由此可见，粉尘的粒度越小，分散度越高，对人体的危害越大。

3. 粉尘浓度

除粉尘成分外，作业场所空气中的粉尘浓度也是一个极重要的因素。一般来说，一种有害粉尘只有当它的浓度超过某一值时才能产生致病危害。一般来说，空气中含有的粉尘越多，即粉尘浓度越大，工人吸入的粉尘量越多，越易患病。国外的统计资料表明，在高粉尘浓度的场所工作时，平均 5 ~ 10 年就有可能导致尘肺病。空气中粉尘浓度降低到《煤矿安全规程》规定的标准以下时，工作几十年，肺部吸入的粉尘总量仍不足以达到致病的程度。

4. 接尘时间

人员暴露于游离二氧化硅粉尘中的时间少于 1 年而诊断为硅肺病的情况是极为罕见的。井下采掘工种工作年限，一般可以间接说明累计接触粉尘量，工作时间越长或平均粉尘浓度越高，尘肺病的发病率越高。

5. 其他

按流行病学观点，许多因素分别归诸于宿主、因子、环境等致病因素。其中，宿主包括民族、年龄、性别、疾病、习惯、先天等因素，以及肺清除机能和免疫因素等诸方面；因子包括粉尘分散度、煤种、非煤组分含量、石英类型、其他矿物含量、微量元素及数量等；环境因素包括工龄、工作种类和性质、气象条件、对粉尘控制措施及粉尘存在状况等。我们对环境因素已有充分的了解，但对宿主、因子认识很不够。对煤尘肺来讲须查明煤尘的特性，尤其要发现增强呼吸性粉尘的致病成分，同时须评定宿主特性在尘肺发病中的作用，另外个人生理这个重要的可变因素也不容忽视。

复习思考题

1. 矿山尘肺病分为哪几类？
2. 根据尘肺病的自觉症状，尘肺病可分为哪几期？
3. 影响尘肺病的发病因素有哪些？

第三章 综合防尘措施

矿山防尘技术包括风、水、密、净和护5个方面。风就是通风除尘；水是指湿式作业；密是指密闭抽尘；净是指净化风流；护是指采取个体防护措施。通常按矿井防尘措施的具体功能，可将其划分为减尘、降尘、捕尘、排尘、阻尘（个体防护）5类。

第一节 矿尘在矿井通风中的特性

为了充分发挥通风对除尘的效果，首先需要掌握矿尘在井巷空气中飘浮、沉降、扩散、移动等有关粉尘运动的一般规律。

一、粉尘的沉降规律

尘粒在静止的空气中靠尘粒本身重力沉降，并受到气体的浮力和尘粒运动时空气阻力的影响。当尘粒由静止状态开始降落时，降落的速度很小，阻力亦很小，与此同时，沉降过程中尘粒的沉降速度不断增加，尘粒呈加速运动。随着降落速度的增加，阻力亦随之增大，当阻力、浮力、重力平衡时，尘粒的沉降速度将达到最大的也是恒定的数值，尘粒即以此数值作等速运动，此时的速度称为尘粒的沉降速度。当尘粒达到沉降速度作等速沉降时，加速度为零。通常，较大的尘粒能较快地沉降，而细微颗粒则能长时间地悬浮于空气中，依靠风流将之稀释排出。

风流中的尘粒沉降要比在静止空气中复杂。粉尘在井巷中的沉积分布，经观察得知：悬浮于空气中的粉尘一部分随风流被带出矿井，而大部分却沉积在井巷里，回风巷内沉积量最多。从尘源地开始，粒径大的先沉积下来，粒径小的则随风飘散沉积在较远的地方。就尘粒在巷道断面上的分布来看，沉积在巷道顶板和两帮的粉尘粒径小的较多，而底板上粉尘粒径大的较多，它们的重量分布以底板上最多，两帮次之，顶板最少。

掘进工作面上，工作面主要尘源（掘进机截割头及左右铲板位置）附近区域粉尘浓度较高。其峰值浓度范围为截割头附近区域，其次是左右铲板附近区域。

风流在掘进机机身至碛头（迎头）之间的区域形成涡旋流场。此区域内的粉尘受风流涡旋流场作用做漩涡扰动，导致这一区域粉尘不能迅速排出和沉降粉尘，粉尘浓度长时间持续保持在一个较高的值，且不易实现降低。局部持续高浓度的粉尘对此区域内操作工人的职业健康存在着极大的潜在危害。因此，解决这一区域高浓度粉尘的现状，是掘进巷道防降尘工作的重中之重。

掘进机机尾以后区域，在巷道断面水平方向，由于受风流流场的影响，粉尘浓度形成了由左至右逐步降低的规律。

掘进工作面粉尘在巷道整体分布呈现非对称性。在巷道断面上，一般以过风筒的斜对角线为分界线，其上部空间粉尘浓度较高，其下部空间粉尘浓度较小。

无论回采工作面还是掘进工作面上，产尘源附近 10 m 以内是治理粉尘的关键位置。所以，粉尘治理也应该抓住"源头控尘"的关键。

二、粉尘的悬浮与运动

在井巷中，风流一般处于紊流运动状态，风流除了在流动方向上具有速度外，横向上还有脉动速度。粉尘在风流中运动，必须处于悬浮状态。使粉尘处于悬浮状态的风速称为悬浮速度，其值与粉尘的沉降速度相等，方向相反。

在平巷中，风流方向与粉尘沉降方向垂直，风流的推力对粉尘的悬浮没有直接的作用，使粉尘悬浮的主要速度是垂直方向的脉动速度，所以粉尘悬浮必须是紊流而且要有足够大的风速。

在垂直井巷中，风速方向与粉尘沉降方向平行，只要风速大于粉尘的悬浮速度，粉尘即能随风流一起向上运动。

粉尘随风流运动时，由于有风流的横向速度、粉尘的沉降速度以及尘粒形状不规则等因素的影响，其不是作直线运动，而是在作不规则的曲线运动。粉尘颗粒间、尘粒和巷壁之间均存在摩擦、碰撞以及黏着作用。因此，含尘空气在运动中，粉尘浓度将发生变化。

三、粉尘粒子的扩散

由于布朗运动，在某一空间内的微小的粉尘粒子数目将随时变化，这一数量浓度随时间的变化进程，宏观上称为扩散现象。粒子从高浓度区域向低浓度区域扩散，逐渐使浓度均一化。在矿井生产中，由于扩散作用将增加空气中的粉尘浓度，而对降尘措施产生不利影响。

在矿井中，粉尘扩散所受的作用力主要有重力、机械力和风力。与矿井风流力引起的扩散速度相比，微细粉尘靠重力扩散的速度十分小，重力作用是不能脱离风流的控制而独立运动的。粉尘受到机械力的作用可获得较高的初速度，但速度的衰减亦很快。因此，使矿井粉尘扩散和运动的主要作用力是风流力。按风流力的不同作用，大体可分为以下两种气流：

1. 一次尘化气流

一次尘化气流是在产尘过程中产生的气流，是使粉尘飞扬扩散于矿井作业空间的主要动力。它包括惯性运动诱导产生的气流，如车辆运行、大块矿岩屑的飞溅等；爆破冲击波气流以及矿岩下落时与空气产生阻力而引起向四周分散的剪切气流等。从防尘角度讲，应具体分析了解每一生产工艺中产生一次尘化气流的过程，采取相应措施，尽量减小其对粉尘的扩散作用或将气流控制于一定的空间内。

2. 二次尘化气流

二次尘化气流是由外部进入的气流，主要是矿内气流，其他如凿岩机漏气等亦属于此。二次尘化气流使飞扬于空气中的粉尘向更大范围扩散和运动。控制其造成污染的最好方法是加强通风、排出粉尘。

四、尘粒的抛射

粒度不同的尘粒以很大的初速度通过空气抛出，然后由于空气的摩擦阻力，尘粒运动速度减慢，最终由于重力作用而达到沉降。在井下回采时的截割、装运、掘进中的钻进及各种装卸工序中都有尘粒的抛射现象发生。

五、排尘风速

1. 最低排尘风速

能促使呼吸性粉尘保持悬浮状态，并随风流运动的最低风速称为最低排尘风速。在平巷中，能够使粉尘悬浮并随风流运动的前提是风流处于紊流状态，并且紊流的横向脉动速度的均方根值要大于尘粒在静止空气中的沉降速度。

在实验室和矿井巷道中，对最低排尘风速进行了专门的试验研究，结果认为，巷道平均风速为 0.15 m/s 时，能使 5~7 μm 的粉尘在无支护巷道中保持悬浮状态，并使随风流运动的粉尘在断面内均匀分布。因此，《煤矿安全规程》对井巷中的最低允许风速作了规定，见表 3-1。

表 3-1　井巷中的允许风流速度

井　巷　名　称	允许风速/$(m \cdot s^{-1})$	
	最　低	最　高
无提升设备的风井和风硐		15
专为升降物料的井筒		12
风　桥		10
升降人员和物料的井筒		8
主要进、回风巷		8
架线电机车巷道	1.0	8
运输机巷，采区进、回风巷	0.25	6
采煤工作面、掘进中的煤巷和半煤岩巷	0.25	4
掘进中的岩巷	0.15	4
其他通风人行巷道	0.15	

2. 最优排尘风速

排尘风速逐渐增大，能使较大的尘粒悬浮并将其带走，同时增强了稀释作用。在连续产尘时，粉尘浓度随着风速的增加而降低，说明增加风量，稀释作用是主要的。当风速增加到一定数值时，粉尘浓度可降低到一个最低值。风速再增大时，粉尘浓度将随之再次增大，说明已沉降的粉尘被再次吹扬，此时风流造成的吹扬起着主导作用，而稀释作用处于次要地位，如图 3-1 所示。一般将能使粉尘达到最低浓度的风速称为最优排尘风速。最优排尘风速在一般干燥巷道中为 1.2~2 m/s，它也受到一些因素的影响，如工作区有扰动，促使粉尘飞扬，则最优排尘风速值要降低。在潮湿巷道，粉尘不易被吹扬起来，在较高的风速范围（5~6 m/s 以下），稀释作用为主，粉尘浓度随风速的增加而下降。

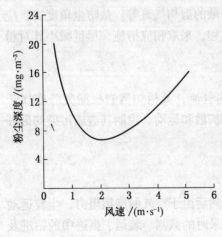

图 3-1　最优排尘风速

3. 粉尘的二次飞扬

沉积于巷道底板、周壁以及矿岩堆等处的粉尘,当受到较高风速的风流作用时,能再次被吹扬起来形成粉尘的二次飞扬。能够使粉尘二次飞扬的风速大小,受粉尘浓度、密度、形状、湿润程度、附着情况等许多因素的影响。根据试验观测资料,一般情况下,风速大于 $1.5 \sim 2$ m/s 时,就有吹扬粉尘的作用,风速越高,吹扬粉尘的作用越强。

粉尘的二次飞扬能严重污染矿内空气,除控制风流外,增加粉尘的湿润程度是常采用的有效防治措施。《煤矿安全规程》规定,采场和采准巷道中最高允许风速为 4 m/s。

六、风源的净化

风流稀释及排出粉尘的作用效果,与风流本身的清洁程度有着重要的关系。如果进入井内的气流含尘量较高,就将增加矿井防尘难度。为保证通风排尘的有效作用,要求新鲜风有良好的风质。

矿井风源净化包括井口净化和井内净化。井口净化措施主要是使通风所需的风流避免在地面或井筒里就受到粉尘的污染。为此,进风井口必须布置在不受粉尘、灰土、有害或高温气体侵入的地方,尽量减少进风井口的尘源,如减少主井提升时粉尘的飞扬、定期清洗井口附近的路面、井口风流的喷雾净化等。井内净化一般采取在进风巷道中安装水幕的方法,这种方法可以达到25% ~60%的降尘效果,若在水中添加表面活性剂还可进一步提高净化效果。此外,还可采取静电过滤风源、冷凝过滤等方法进行巷道风流的净化。冷凝法过滤风源的原理是使蒸汽在粉尘上凝结并遇冷变成尘雾粒沉降,其净化效果较高,可达90%以上。

第二节 减 尘

减尘,一是减少产尘总量和产尘强度;二是减少呼吸性矿尘所占的比例。减尘措施(如煤层注水湿润煤体、采空区灌水、湿式作业等)是使粉尘浓度达到国家标准的根本途径,在矿井防尘技术措施中应优先考虑采用。

一、煤层注水湿润煤体

煤层注水是在采煤和掘进之前,利用钻孔向煤层注入压力水,使水沿着煤层的层理、节理或裂隙向四周扩散并渗入到煤体中的微孔中去,增加煤的水分,使煤体和其内部的原生煤尘都得到预先润湿。同时,使煤体的塑性增强,以减少采掘时生成煤尘的数量。这是防治煤尘的一项根本措施。

1. 钻孔布置方式

煤层注水的方式有长钻孔注水、短钻孔注水、深孔注水和巷道钻孔注水等多种方式。

(1)长钻孔注水是从工作面的运输巷或回风巷,沿煤层倾斜方向平行于工作面的钻孔注水。钻孔直径为75 ~100 mm,其布置形式较多,如下向钻孔、上向钻孔和双向钻孔等,如图3-2所示。长钻孔注水湿润煤体的范围大,经济性好,注水时间长,湿润煤体均匀,同时又与采煤互不干扰,所以往往是优先选择的注水方式。但是其钻孔长度大,对地质变化的适应性较差,打钻技术复杂,定向困难。

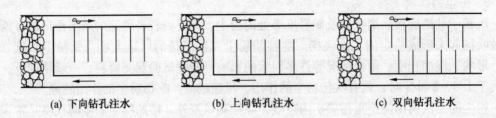

(a) 下向钻孔注水　　　　(b) 上向钻孔注水　　　　(c) 双向钻孔注水

图 3-2　长钻孔注水方式示意图

（2）短钻孔注水是在回采工作面垂直煤壁或与煤壁斜交打钻孔注水，其钻孔长度比工作面循环进度稍长，一般取 1.5~2 m，最大不超过 6 m，其布置如图 3-3 所示。短钻孔注水对地质条件的适应性较强，注水设备、工艺、技术较简单。当地质变化大时，煤层较薄且围岩遇水膨胀而影响顶底板控制时，可采用此注水方式。但是其湿润范围小，钻孔数量多，而且容易跑水，注水与采煤工作的其他工序相互干扰。

(a) 垂直煤壁钻孔　　　　　(b) 斜交煤壁钻孔

图 3-3　短钻孔注水方式示意图

（3）深孔注水同短钻孔注水相似，只是钻孔打得深些，也是沿采煤工作面垂直煤壁打钻孔，其钻孔长度为 5~6 天的进度，一般为 6~20 m，其布置如图 3-4 所示。此注水方式不仅具备了短钻孔注水的优点，而且更能适应围岩的吸水膨胀性，较短钻孔注水的钻孔数量少，湿润范围大而均匀，但是它需要每周有休假或轮休工作面才能使用。因此，我国目前尚未使用，而国外采用较多。

（4）巷道钻孔注水如图 3-5 所示，是从邻近煤层的巷道打钻至注水煤层进行注水。钻孔的长度由两煤层的间距或巷道至煤层的距离而定。此注水方式钻孔少，湿润煤体的范围大，效果好。在有巷道或抽放瓦斯钻孔可利用且煤层较厚时，可考虑采用巷道钻孔注水方式。

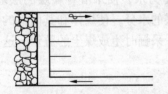

图 3-4　深孔注水方式示意图

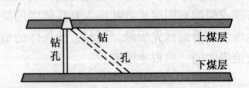

图 3-5　巷道钻孔注水

2. 封孔

封孔深度和封孔质量是煤层注水的重要环节。封孔深度应超过沿巷道边缘煤体的卸压带宽度，一般不小于 6 m，当注水压力大于 2.5 MPa 时，应大于 6 m 甚至可达 20 m。

封孔方法有两种：一种是封孔器封孔，另一种是水泥砂浆封孔。

（1）封孔器封孔。我国煤矿长钻孔注水多采用 YPA 型水力膨胀式封孔器和 MF 型摩擦式封孔器。YPA 型在使用时，将封孔器与注水钢管连接起来送至封孔位置，通过高压胶管与水泵连通，开泵后压力水进入封孔器，水流从封孔器前端的喷嘴流出进入钻孔，产生压力降，膨胀胶管内的水压升高，将胶管膨胀，封住钻孔。注水结束后，封孔器胶筒将随压力下降而恢复原状，可取出复用。MF 型在使用时，将封孔器与注水钢管连接起来送至钻孔内的封孔位置，顺时针旋动注水管使其向前移动，这时橡胶密封筒被压缩而径向胀大，封住钻孔。注水结束后，逆时针旋转注水管，密封胶管卸压，胶筒即恢复原状，可取出复用。

采用封孔器封孔虽然简便，但多次重复使用时难以保证封孔质量，现已很少使用。

（2）水泥砂浆封孔。由于水泥砂浆封孔方法的改进和完善，以及封孔质量可靠，近几年得到了广泛采用。我国基本上采用矿用封孔泵封堵钻孔，可以满足煤层注水封孔的要求。封孔前先用搅拌机将水泥和砂子制成高稠度水泥砂浆，再拨动离合器，启动送浆泵，将水泥砂浆快速地送进钻孔内。由于该泵的送浆能力较大，其封孔深度对水平钻孔可达 30 m，对垂直向上钻孔可达 20 m。

3. 注水

（1）注水方法。一是利用矿井地面贮水池，通过井下供水管网实施静压注水；二是利用井下的水泵实施动压注水。

利用管网将地面或上水平的水通过自然静压差导入钻孔的注水叫静压注水。静压注水采用橡胶管将每个钻孔中的注水管与供水干管连接起来，其间安装有水表和截止阀，干管上安装有压力表，然后通过供水管路与地表或上水平水源相连。静压注水工艺简单，既节省费用，又便于管理，但其适用范围受到一定的限制。过去仅能对透水性强的煤层采用静压注水，而近年来有了新的发展，对透水性差的煤层也可以采用静压注水，其技术关键是选定最佳的超前距离（开始注水时钻孔距工作面的距离）。

利用水泵或风包加压将水压入钻孔的注水叫动压注水。水泵既可以设在地面集中加压，也可直接设在注水地点进行加压。长钻孔动压注水的适用性强，被很多煤矿采用，其注水系统如图 3-6 所示。

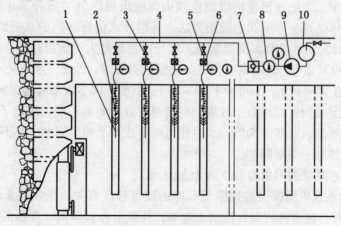

1—注水管；2—水泥砂浆；3—压力表；4—高压胶管；5—阀门；
6—分流器；7—单向阀；8—注水表；9—注水泵；10—供水桶

图 3-6 动压注水系统

近年来，我国研制的煤层注水自动控制系统（装置），能根据煤层的渗透特性及注水压力与流量的变化进行自动调节，可实现动压注水和静压注水的自动切换。并将注水参数调节到最适宜的状态，将注水参数存储、显示和打印出来。

（2）注水压力。注水压力的高低取决于煤层透水性的强弱和钻孔的注水速度。通常，透水性强的煤层采用低压（小于 3 MPa）注水，透水性较弱的煤层采用中压（3～10 MPa）注水，必要时可采用高压（大于 10 MPa）注水。如果水压过小，注水速度将会太低。水压过高，又可能导致煤岩裂隙猛烈扩散，造成大量跑水。适宜的注水压力是通过调节注水流量使其不超过地层压力而高于煤层的瓦斯压力。

国内外经验表明，低压或中压长时间注水效果好。在我国，静压注水大多属于低压，动压注水中压居多。对于初次注水的煤层，开始注水时，可对注水压力和注水速度进行测定，找出两者的关系，根据关系曲线选定合适的注水压力。

（3）注水速度（注水流量）。注水速度是指单位时间内的注水量。为了便于对各钻孔注水流量进行比较，通常以单位时间内每米钻孔的注水量来表示。注水速度是影响煤体湿润效果及决定注水时间的主要因素，在一定的煤层条件下，钻孔的注水速度随钻孔长度、孔径和注水压力的不同而增减。

一般来说，小流量注水对煤层湿润效果最好，只要时间允许，就应采用小流量注水。静压注水速度一般为 0.001～0.027 $m^3/(h \cdot m)$，动压注水速度为 0.002～0.24 $m^3/(h \cdot m)$。若静压注水速度太低，可在注水前进行孔内爆破，提高钻孔的透水能力，然后再进行注水。

（4）注水量。注水量是影响煤体湿润程度和降尘效果的主要因素。它与工作面尺寸、煤厚、钻孔间距、煤的孔隙率、含水率等多种因素有关。确定注水量首先要确定吨煤注水量，各矿应根据煤层的具体特征综合考察。一般来说，中厚煤层的吨煤注水量为 0.015～0.03 m^3/t，厚煤层为 0.025～0.04 m^3/t。机采工作面及水量流失率大的煤层取上限值，炮采工作面及水量流失率小或产量较小的煤层取下限值。

4. 煤层注水效果

在实际注水中，常把在预定的湿润范围内煤壁出现均匀"出汗"（渗出水珠）的现象，作为判断煤体是否全面湿润的辅助方法。煤层注水使煤体内的水分增加。一般说来，当水分增加 1% 时，就可以收到降尘效果。水分增加量越大，效果越好。但不仅要考虑降尘效果，还要考虑其他生产环节的方便，如运输、选煤等。因此，水分又不能太大，通常，吨煤注水量控制在 35～40 L，不可少于 20～25 L。此时，降尘效果可达到 50%～90%。

在水中添加湿润剂可提高防尘效果。湿润剂可分为阴离子型、阳离子型和非离子型 3 种。离子型湿润剂是表面活性剂溶于水时能电离生成离子的湿润剂。凡不能电离、不生成离子的湿润剂叫非离子型湿润剂。

影响煤层注水效果的因素有如下两个方面：

（1）煤层注水效果同煤层的裂隙及孔隙的发育程度有关。据实测资料发现：煤层的孔隙率小于 4% 时，透水性较差，注水无效果；孔隙率为 15% 时，煤层的透水性最高，注水效果最佳；当孔隙率达 40% 时，无须注水，因为天然水分就很丰富了。

（2）煤层注水效果与煤层的埋藏深度和地压的集中程度有关。埋藏越深，地压越集中的地方，煤层的孔隙被压紧，透水性越差。因此，要提高注水压力，才能获得较好的效果。煤层的注水效果与煤层中的瓦斯压力的大小也有关，因为瓦斯压力是注水的附加阻力，水克服瓦斯压力后才是注水的有效压力。所以在瓦斯压力大的煤层中注水时，往往要提高注水的压力，以保证湿润煤体的效果。

应该指出，煤层注水除减少煤尘的产生外，对于瓦斯治理、防止自然发火、放顶煤开采软化顶煤都具有积极的作用。因此，煤层注水是煤矿安全和环境保护工作中的一项综合性措施。

一、采空区灌水

采空区灌水是在开采近距离煤层群的上组煤或采用分层法开采厚煤层时（包括急倾斜水平分层），利用往采空区灌水的方法，借以润湿下组煤和下分层煤体，防止开采时生成大量的煤尘。

由于上层煤已采空，所以下层煤随着减压而次生裂隙发育，易于缓慢渗透，故湿润煤体的范围大而且均匀，防尘效果好。我国一些矿区采用采空区灌水预湿煤体，其降尘率一般为 76% ~92%。但是，采空区灌水应控制水量，防止从采空区流向工作面或下部巷道中，形成水患。因此，一般的灌水量按每平方米采空区 0.3 ~0.5 m^3 来计算，其流量控制在 0.5 ~2 m^3/h，最大不超过 5 m^3/h。灌水要超前回采 1 ~2 个月，以便使水渗透均匀。此外，当两煤层间的岩石层或下分层的上部有不透水层时，不能选用采空区灌水。同时，在煤层有自然发火危险时，要在水中加阻化剂才能进行采空区灌水。

三、湿式作业

湿式作业是利用水或其他液体，使之与尘粒相接触而捕集粉尘的方法。这是矿井综合防尘的主要技术措施之一，具有所需设备简单、使用方便、费用较低和除尘效果较好等优点。缺点是增加了工作场所的湿度，恶化了工作环境，能影响煤矿产品的质量。除缺水和严寒地区外，一般煤矿应用较为广泛。我国煤矿较成熟的经验是采取以湿式凿岩为主，配合喷雾洒水、水封爆破和水炮泥以及煤层注水等防尘技术措施。

1. 湿式凿岩、钻眼

该方法的实质是指在凿岩和打钻过程中，将压力水通过凿岩机、钻杆送入并充满孔底，以湿润、冲洗和排出产生的矿尘。

在煤矿生产环节中，井巷掘进产生的矿尘不仅量大，而且分散度高。据统计，煤矿尘肺患者中 95% 以上发生于岩巷掘进工作面，煤巷和半煤岩巷的煤尘瓦斯燃烧、爆炸事故发生率也占较大的比重，而掘进过程中的粉尘又主要来源于凿岩和钻眼作业。据实测，干式钻眼产尘量约占掘进总产尘量的 80% ~85%，而湿式凿岩的除尘率可达 90% 左右，并能提高凿岩速度 15% ~25%。因此，湿式凿岩、钻眼能有效降低掘进工作面的产尘量。

2. 水封爆破和水炮泥

水封爆破和水炮泥都是由钻孔注水湿润煤体演变而来的，它是将注水和爆破联结起来，不仅起到消除炮烟和防尘作用，而且还提高了炸药的爆破效果。

（1）水封爆破。水封爆破就是在工作面打好炮眼后，先注入压力不超过 4.903×10^6 Pa 的高压水，使之沿煤层节理、裂隙渗透，直到煤壁见水为止。然后装入防水炸药，再将注水器插入炮眼进行水封，如图 3 - 7 所示。水封压力不超过 3.4323×10^6 Pa。爆破时用安全链将注水器拴在支柱上以防崩出丢失。

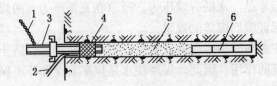

1—安全链；2—雷管脚线；3—注水器；4—胶圈；5—水；6—炸药

图3-7　水封爆破

水封爆破虽然取得了较好的防尘效果，但其需要一套高压设备，需用防水炸药和雷管，使用技术及条件要求比较严格。因此，有些矿井采用水炮泥。

（2）水炮泥。水炮泥是用装水塑料袋填于炮眼内代替黏土使用。它是借助炸药爆炸时产生的压力将水压入煤层的裂隙中而进行降尘的。同时，水炮泥还可以消灭和减少瓦斯爆炸的危险性以及提高炸药的爆破效果。

水炮泥的形式有两种：一种是刀把型的人工结扎封口水炮泥；另一种是双层自动封口水炮泥，如图3-8所示。

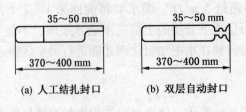

(a) 人工结扎封口　　　(b) 双层自动封口

图3-8　水炮泥

第三节　降　　尘

降尘即通过各种矿井粉尘防治措施降低矿井空气中的粉尘含量。一般采用喷雾洒水来降低浮尘。喷雾洒水是将压力水通过喷雾器（又称喷嘴），在旋转及冲击的作用下，使水流雾化成细微的水滴喷射于空气中，用水湿润、冲洗初生或沉积于煤堆、岩堆、巷道周壁、支架等处的粉尘。

喷雾洒水的捕尘作用有：①在雾体作用范围内，高速流动的水滴与浮尘碰撞接触后，尘粒被湿润，附着性增强，尘粒间会互相附着凝集成较大的颗粒，在重力作用下下沉；②高速流动的雾体将其周围的含尘空气吸引到雾体内湿润下沉；③将已沉落的尘粒湿润黏结，使之不易飞扬。苏联的研究表明，在掘进机上采用低压洒水，降尘率为43%～78%，而采用高压喷雾时达到75%～95%；炮掘工作面采用低压洒水，降尘率为51%，高压喷雾达72%，且对微细矿尘的抑制效果明显。

煤矿井下洒水，可采用人工洒水或喷雾器洒水。对于生产强度高、产尘量大的设备和地点，还可设自动洒水装置。

在煤尘的发源地进行喷雾洒水是降低井下空气中含尘量最简单、最方便而又比较有效的措施。它适用于采煤、掘进、运输、提升及风流净化等各种作业场所。

一、对产尘源喷雾洒水

1. 掘进机喷雾洒水

掘进机喷雾分外喷雾和内喷雾两种。外喷雾多用于捕集空气中悬浮的矿尘，内喷雾则通过掘进机切割机构上的喷嘴向割落的煤岩处直接喷雾，在矿尘生成的瞬间将其抑制。较好的内外喷雾系统可使空气中含尘量减少85%~95%。

掘进机的外喷雾采用高压喷雾时，高压喷嘴安装在掘进机截割臂上。启动高压泵的远程控制按钮和喷雾开关均安装在掘进机司机操纵台上。掘进机截割时，开动喷雾装置；掘进机停止工作时，关闭喷雾装置。喷雾水压控制在10~15 MPa范围内，降尘效率可达75%~95%。

2. 采煤机喷雾洒水

采煤机的喷雾系统分为内喷雾和外喷雾两种方式。采用内喷雾时，水由安装在截割滚筒上的喷嘴直接向截齿的切割点喷射，可保证在滚筒转动时只向切割煤体的截齿供水，如图3-9所示，形成"湿式截割"。水流经采煤机滚筒的空心轴，由一个分水器使水流紧靠截齿喷出，对不工作的截齿可切断水源，从而减少耗水量。采用外喷雾时，水由安装在截割部的固定箱、摇臂或挡煤板上的喷嘴喷出，形成水雾覆盖尘源，从而使矿尘湿润沉降，如图3-10所示。喷嘴是决定

图3-9 采煤机内喷雾示意图

降尘效果好坏的主要部件，喷嘴的形式有锥形、伞形、扇形、束形，一般来说内喷雾多采用扇形喷嘴，也可采用其他形式；外喷雾多采用扇形和伞形喷嘴，也可采用锥形喷嘴。

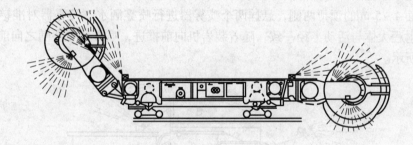

图3-10 采煤机外喷雾示意图

3. 液压支架移架和放煤口放煤喷雾洒水

液压支架移架和放煤口放煤是综采放顶煤工作面仅次于采煤机割煤的两个主要产尘源。采取有效的治理技术加以防治势在必行。对液压支架移架和放煤口放煤的防尘，主要是采取自动喷雾降尘方法，即利用一个多功能自动控制阀并通过与支架液压系统（支架动作）的联动而实现支架移架和放煤喷雾的自动化。

液压支架移架喷雾的喷嘴，每架安设2个。放煤口放煤喷雾的喷嘴，每架安设4个：靠尾梁一侧安设2个；靠支架连杆一侧安设2个，如图3-11所示。

喷雾的供水，如果工作面的管网水压能达到1 MPa以上时，可选择静压供水，否则需

增设一台水泵，实施动压供水。

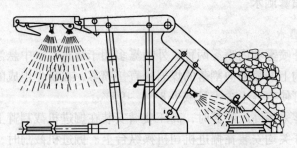

图 3 - 11　液压支架自动喷雾喷嘴布置示意图

4. 转载点喷雾

转载点降尘的有效方法是封闭加喷雾。通常在转载点（即采煤工作面输送机与顺槽输送机连接处）加设半密封罩，罩内安装喷嘴，以消除飞扬的浮尘，降低进入采煤工作面的风流含尘量。为了保证密封效果，密封罩进、出煤口安装半遮式软风帘，软风帘可用风筒布制作。

5. 爆炮喷雾

爆破过程中，产生大量的粉尘和有毒有害气体，采取爆破喷雾措施，不但能取得良好的降尘效果，而且还可消除炮烟、减轻炮烟的危害，缩短通风时间。喷雾装置有风水喷射器和压气喷雾器两种。风水喷射器是以压缩空气和压力水共同作用成雾的装置，具有喷出射程远、喷雾面积大、雾粒细的特点。

6. 装岩洒水

巷道装岩洒水有人工洒水和喷雾器洒水两种方式：①人工装岩时，一般采用人工洒水，每装完一层湿润矸石，再洒一次水，随装岩点的推移，随装随洒；②装岩机装岩时，在距工作面 4 ~ 5 m 的顶帮两侧，悬挂两个喷雾器进行喷雾洒水，喷雾器对准铲斗装岩活动区域，射程大体与活动半径一致，随着装岩机向前推进，喷雾器也要随之向前安放，如图 3 - 12 所示。

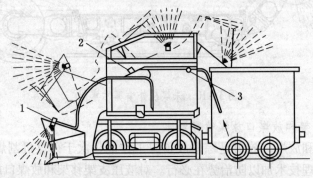

1—喷雾器；2—控制阀；3—水量调节阀

图 3 - 12　装岩机喷雾洒水

7. 其他地点喷雾

除上述地点、工艺的喷雾洒水外，在煤仓、溜煤眼及运输过程等产尘环节均应实施喷雾洒水。

为了达到较好的除尘效果，应根据不同生产过程中产生的矿尘分散度选用合适的喷雾器。煤矿常用的喷雾器分为水力喷雾器和风水联动喷雾器两类。

二、巷道水幕净化风流

水幕是净化入风流和降低污风流矿尘浓度的有效方法。水幕是在敷设于巷道顶部或两帮的水管上间隔地安上数个喷雾器喷雾形成的，如图 3-13 所示。喷雾器的布置应以水幕布满巷道断面且尽可能靠近尘源为原则。净化水幕应安设在支护完好、壁面平整、无断裂破碎的巷道段内。一般安设位置如下：

①矿井总进风设在距井口 20~100 m 巷道内；②采区进风设在风流分叉口支流内侧 20~50 m 巷道内；③采煤工作面回风设在距工作面回风口 10~20 m 回风巷内；④掘进工作面回风设在距工作面 30~50 m 巷道内；⑤巷道中产尘源净化设在尘源下风侧 5~10 m 巷道内。

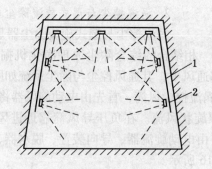

1—水管；2—喷雾器

图 3-13　巷道水幕示意图

水幕的控制方式可根据巷道条件，选用光电式、触控式或各种机械传动的控制方式。选用的原则是既经济合理又安全可靠。

第四节　捕　尘

捕尘即利用各种除尘或捕尘装置将矿井空气中的粉尘进行捕捉后再进行处理。所谓除尘装置（或除尘器）是指把气流或空气中含有的固体粒子分离并捕集起来的装置，又称集尘器或捕尘器，多用于煤（岩）巷掘进工作面。

一、湿式除尘装置

矿用除尘装置多为湿式除尘装置，其工作原理是通过尘粒与液滴的惯性碰撞进行除尘。湿式除尘器类型很多，如文丘里式除尘器、湿式过滤式除尘器、湿式除尘机及水射流除尘风机（器）等，近期又开发出湿式振弦栅除尘器、机载液动风机旋流除尘器及涡流控尘与湿式旋流除尘等。下面就湿式振弦栅除尘器及涡流控尘与湿式旋流除尘的工作原理作介绍。

1. 湿式振弦栅除尘器

湿式振弦栅除尘器有两种结构形式：一种是固定式振弦栅除尘器，常称为振弦栅除尘器；另一种是旋转式振弦栅除尘器，常称为旋转栅除尘器。

振弦栅除尘器包括喷雾降尘和振弦栅除尘两部分，由电动或液动的风机、喷嘴、振弦栅、脱水装置、壳体及机座等组成。其关键部件是振弦栅，其结构如图 3-14 所示。

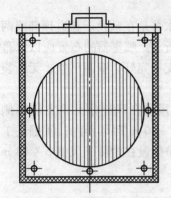

振弦栅除尘是利用其振动产生的声波进行除尘。处于声场中的粒子，在声波作用下产生振动，小粒子振动速度大，大粒子振动速度小，结果促使大小不同的粒子进行大量的正向动力凝聚，使较大的粒子接近离它很远的小粒子，并相互碰撞，结合成大粒子，辅以喷雾，即可达到高效降尘，特别是对细小尘粒的降尘作用。

旋转栅除尘器只是比振旋栅除尘器多了一个旋转栅，除尘效果虽然有所提高并具有良好的脱水作用，但工作阻力较大，这是一大缺点。

2. 涡流控尘与湿式旋流除尘器

图 3-14 振弦栅结构示意图

涡流控尘与湿式旋流除尘器是采用涡流控尘和旋流除尘相结合的综合除尘原理净化机掘（综掘）工作面的含尘气流。在长压短抽混合式局部通风中，其通风控尘与除尘系统如图 3-15 所示。在压入式导风筒末端连接着 10 m 长的涡流控尘风筒，首先由电动旋风器将轴向风流转化为旋转风流，再从风筒上部窄条口送出螺旋状风流。在负压导风筒靠近进风口处串联湿式旋流除尘系统。湿式旋流除尘系统主要由电动旋流器、导向装置、脱水器、水箱、污水泵及抽出式局部通风机等组成，如图 3-16 所示。

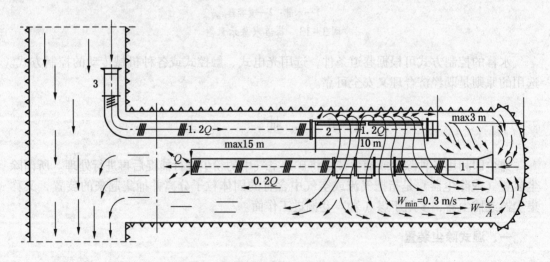

1—除尘系统；2—涡流控尘风筒；3—压入式局部通风机

图 3-15 长压短抽混合式局部通风控尘与除尘系统

设置在除尘系统最前端的旋流器是一个径向有多孔的转盘，由电动机驱动而高速旋转，与旋流器相向布置一个固定的多孔喷水盘，向旋流器喷水。其后的导向器装有径向导流叶片，以转化风向为旋转运动。为加强脱水而设置了两级脱水器，喷雾用水由污水泵供给。

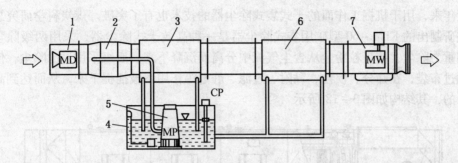

1—旋流器；2—导向器；3—一级脱水器；4—水箱；5—污水泵；6—二级脱水器；7—抽出式局部通风机

图3-16　湿式旋流除尘系统

工作时，在抽出式通风机的作用下，将含尘风流吸入负压导风筒。启动旋流器电动机和水泵电动机，除尘系统开始运行。含尘空气进入旋流器与水幕、雾流相遇，一部分矿尘被雾粒捕捉，当含尘水滴和含有残留矿尘的空气通过导向器时，便产生高速旋转运动，使残留粉尘与雾粒进一步接触与凝聚，并在离心力的作用下，使含尘水滴与风流分离，随风流进入一级脱水器中，泥水被分离出来进入水箱并沉淀。含有少量水分的空气通过二级脱水器再次脱水后，便完成了净化风流的全过程。得到净化的风流则通过风机排出除尘系统。水箱底部沉积的尘泥，由下部的软管排出水箱，沉降后的水可循环使用。水箱中的水位由浮子阀控制。

二、干式除尘器

干式除尘是把局部产尘点首先密闭起来，防止粉尘飞扬扩散，然后再将粉尘抽到集尘器内，集尘器将含尘空气中的粗尘阻留，使空气净化的技术措施。常用在缺水或不宜水作业的特殊岩层和遇水膨胀的泥页岩层的干式凿岩及机掘工作面的除尘。

目前，国内矿山使用的干式捕尘凿岩机有带捕尘罩的孔口捕尘和不带捕尘罩的孔底捕尘两种。孔底捕尘较孔口捕尘的防尘效果高，而且使用方便。干式孔底捕尘又分中心抽尘和旁侧抽尘两种。干式中心抽尘凿岩机工作原理和抽尘系统如图3-17所示。凿岩时，在干式捕尘器内部压气引射器的作用下，眼底的粉尘被吸进钎头的中心孔，经过干式凿岩机内的压风管，到达干式捕尘器内进行净化捕尘。

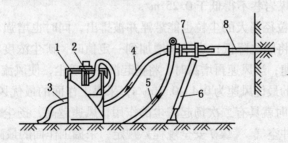

1—干式捕尘器；2—引射器；3—捕尘器压风管；4—输尘软管；5—凿岩机压风管；
6—气动支架；7—凿岩机；8—钎头

图3-17　中心抽尘干式凿岩机工作系统图

近年来，用于机掘工作面的干式袋式除尘器的技术也有了突破。煤炭科学研究总院重庆分院研制出的 KLM－60 型矿用袋式除尘器是一种高效干式除尘器，采用两级除尘：前级采用重力除尘，使粗粒粉尘从含尘气流中分离而沉降下来；后级采用过滤除尘，使细粒粉尘通过布袋，在筛分、惯性、黏附、过滤、静电等作用下被捕捉下来，从而达到高效除尘的目的，其结构如图 3－18 所示。

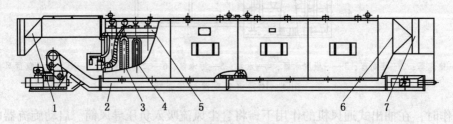

1—排气管；2—排灰系统；3—脉冲清灰系统；4—滤袋组；5—气包；6—预选箱；7—进气口

图 3－18　KLM－60 型矿用袋式除尘器结构示意图

第五节　排　　尘

矿井通风排尘是指稀释与排出矿井空气中的粉尘的一种除尘方法。矿内各个产尘点在采取了其他防尘措施后，仍会有一定量的粉尘进入矿井空气中，其中绝大部分是小于 10 μm 的微细粉尘，如果不及时通风稀释与排出，将由于粉尘的不断积聚而造成矿内空气的严重污染，危害矿工的身心健康。通风除尘方法分为全矿井通风排尘和局部通风排尘两种。

一、一般巷道和工作地点的通风排尘

通风排尘技术是稀释和排出作业地点悬浮的矿尘，防止其过量积聚的有效措施。通风排尘的效果取决于风速和风量。

能使对人体危害最大的微小矿尘（5 μm 以下）保持悬浮状态，并随风流运动而排出的最低风速称为最低排尘风速。《煤矿安全规程》规定，掘进中的岩巷最低风速不得低于 0.15 m/s，煤巷和半煤岩巷不得低于 0.25 m/s。

提高排尘风速，粒径稍大的尘粒也能悬浮并被排出，同时也增强了稀释作用，在产尘量一定时，矿尘浓度将随之降低；当风速增加到一定值时，矿尘浓度将降到最低值，此时风速称为最优排尘风速；当风速再增高时，将扬起沉降的矿尘，使风流中含尘浓度增高。一般来说，掘进工作面的最优风速为 0.4～0.7 m/s；采煤工作面的最优风速为 1.5～2.5 m/s，风速大于 1.5～2 m/s 时就具有二次扬起矿尘的作用，风速越高，扬尘作用越强。矿尘二次扬起能够严重污染矿井空气。《煤矿安全规程》规定，采掘工作面的最高允许风速为 4 m/s。

二、掘进巷道通风排尘

1. 掘进除尘系统

选择合理的掘进除尘系统，是保证抽尘净化技术效果的关键因素。掘进除尘系统有长压短抽掘进除尘系统和长抽掘进除尘系统两种：

1）长压短抽掘进除尘系统

该系统以压入式通风为主，在工作面附近以短抽方式将工作面的含尘空气吸入除尘器就地净化处理，如图3－19所示。这种系统的优点是通风设备简单，风筒成本低，管理容易；新鲜风流呈射流状作用到工作面，作用距离长，容易排除工作面局部瓦斯积聚和滞留的矿尘；通风和除尘系统相互独立，在任何情况下不会影响通风系统正常工作，安全性能好等。缺点是除尘设备移动频繁。这种系统主要适用于机械化掘进工作面。

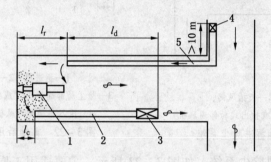

1—掘进机；2—短抽风筒；3—除尘器；4—长压局部通风机；5—长压风筒

图3－19　长压短抽掘进除尘系统

综掘工作面采用长压短抽混合式通风除尘系统时，通过导风筒直接向工作面压入的新鲜风流，常会把掘进机割煤时所产生的煤尘吹扬起来，向四处弥漫，不利于除尘器收（吸）尘，影响了除尘效果。为了防止工作面含尘气流向外扩散、停滞以及瓦斯在巷道顶板的积聚，常在压入式风筒的末端安装附壁风筒（亦称康达风筒）改善风流分布状况。一般常用沿巷道螺旋式出风的附壁风筒，其结构如图3－20所示。

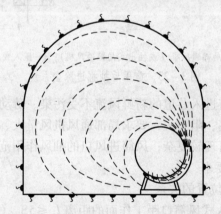

图3－20　附壁风筒螺旋式出风状态示意图

2）长抽掘进除尘系统

该系统以长距离抽风的方式将工作面的含尘空气抽出，经安置在巷道回风流中的除尘局部通风机净化排至巷道。如果回风巷是不行人的巷道，便可改用抽出式局部通风机直接将含尘风流抽入回风巷，如图3－21所示。

长抽掘进除尘系统又可分为以下两种形式：

（1）前抽后压掘进除尘系统，如图 3 - 22 所示，主要适用于机掘工作面。

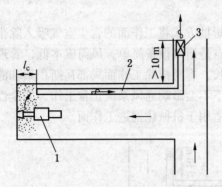

1—掘进机；2—长抽风筒；

3—除尘局部通风机（或抽出式局部通风机）

图 3 - 21　长抽掘进除尘系统

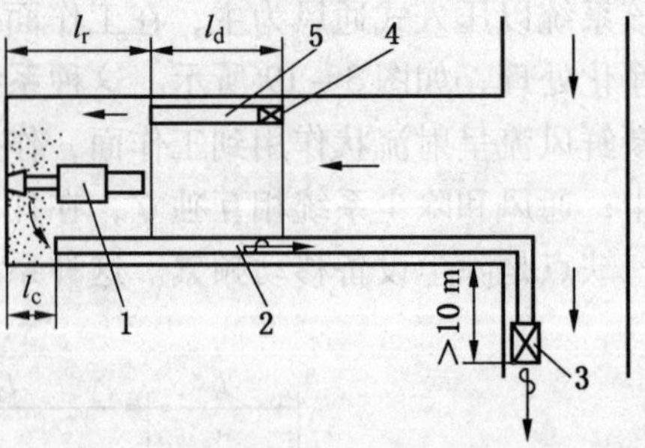

1—掘进机；2—长抽风筒；

3—除尘局部通风机（或抽出式局部通风机）；

4—压入式局部通风机；5—短压风筒

图 3 - 22　前抽后压掘进除尘系统

（2）前压后抽掘进除尘系统，如图 3 - 23 所示，主要适用于炮掘工作面，对锚喷支护巷道效果甚好。

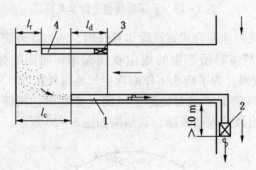

1—长抽风筒；2—长抽除尘局部通风机（或抽出式局部通风机）；3—压入式局部通风机；4—短压风筒

图 3 - 23　前压后抽掘进除尘系统

长抽掘进除尘系统具有进入巷道的新鲜风流不受污染、劳动卫生条件好的优点。其缺点是抽出式风筒大，成本高，阻力大，要求局部通风机风量大、负压高；风筒中会产生矿尘沉积和集水现象，维护管理较复杂；风筒进风口的抽风作用范围小。

2. 除尘对通风工艺的要求

1）压、抽风筒口相互位置的关系

（1）长压短抽时，压入式风筒口距工作面的距离 $l_r \leqslant 5S_H$（S_H 为巷道断面积），压入式风筒口与除尘器排放口的重叠段长度 $l_d \geqslant 2S_H$。

（2）前抽后压时，压入式风筒口距工作面的距离 l_r 与长压短抽时相同，压入式风筒口与抽出式风筒口的重叠段长度 l_d 一般为 10 ~ 30 m。

（3）前压后抽时，压入式风筒口距工作面的距离 $l_r \leqslant 5$ m，抽出式风筒口与压入式局部通风机的重叠段长度 l_d 视巷道内的尘源（如喷浆支护等）情况而定，一般为 10 ~ 20 m。

（4）抽入口（吸尘口）距工作面的距离 l_c。长压短抽、长抽、前抽后压时，抽入口

（吸尘口）距工作面4 m之内有显著的吸尘效果；前压后抽时，抽入口（吸尘口）距工作面的距离大于30 m。

2）压、抽风量的匹配

（1）采用除尘系统。压入式风筒出口风量应比抽出式风筒入口风量大20% ~ 30%，以保证工作面不出现循环风。

（2）采用长抽短压除尘系统。抽出风量应大于压入风量的20% ~ 50%，以保证重叠段区域内巷道的风速不低于《煤矿安全规程》的规定。

（3）抽出风量的确定。抽出风量是保证吸尘效果的主要参数，抽出风量大，对工作面的排尘效果好；反之，会影响工作面的排尘效果。

一般根据除尘和工作面通风的需要，并结合通风设备的现状，综合考虑压、抽风量。

3）长压局部通风机和长抽除尘局部通风机的安装位置

（1）长压局部通风机应安装在掘进巷道口进风侧，距巷道口的距离大于10 m。

（2）长抽或长抽短压除尘局部通风机应安装在掘进巷道回风侧，距巷道口的距离大于10 m。

4）抽出式局部通风机与除尘局部通风机串联的要求

在长抽或长抽短压系统中，当除尘局部通风机的能力不够时，应尽量采用同型号的局部通风机串联工作。采用间隔串联时，相邻两台串联局部通风机的间距应小于这两台局部通风机的风压作用长度，以避免循环风；采用集中串联时，局部通风机之间应采用长度为0.5 ~ 1.0 m带整流栅的风筒连接，也可用一段抽出式风筒连接，其长度应为风筒直径的10倍左右。

第六节　阻　　尘

阻尘是指通过佩戴各种防护面具的个体防护措施以减少吸入人体矿尘的最后一道措施。因为井下各生产环节虽然采取了一系列防尘措施，但仍会有少量微细矿尘悬浮于空气中，甚至有些地点不能达到卫生标准，因此加强个体防护是防止矿尘对人体伤害的最后一道关卡。我国煤矿使用的个体防护用具主要有防尘口罩、防尘风罩、防尘安全帽、防尘呼吸器等，其目的是使佩戴者能呼吸到净化后的清洁空气而不影响正常工作。

一、防尘口罩

矿井要求所有接触粉尘作业人员必须佩戴防尘口罩，对防尘口罩的基本要求是阻尘率高，呼吸阻力和有害空间小，佩戴舒适，不妨碍视野。普通纱布口罩阻尘率低，呼吸阻力大，潮湿后有不舒适的感觉，应避免使用。

二、防尘安全帽（头盔）

煤炭科学研究总院重庆分院研制的 AFM - 1 型防尘安全帽（头盔）或称送风头盔（图3 - 24）与 LKS - 7.5型两用矿灯匹配。在该头盔间隔中，安装有微型轴流风

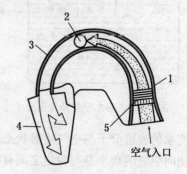

1—轴流风机；2—主过滤器；
3—头盔；4—面罩；5—预过滤器

图3 - 24　AFM - 1 型防尘送风头盔

机、主过滤器、预过滤器，面罩可自由开启，由透明有机玻璃制成，送风头盔进入工作状态时，环境中的含尘空气被微型风机吸入，预过滤器可截留 80% ~90% 的矿尘，主过滤器可截留 99% 以上的矿尘。经主过滤器排出的清洁空气，一部分供呼吸，剩余气流带走使用者头部散发的部分热量，由出口排出。其优点是与安全帽一体化，减少佩戴口罩的憋气感。

三、隔绝式压风呼吸防尘装置

隔绝式压风呼吸防尘装置是利用矿井压缩空气通过离心脱去油雾、活性炭吸附等净化过程，经减压阀减压同时向多人均衡配气供呼吸。如我国生产的 AYH 系列压风呼吸器是一种隔绝式的新型个人和集体呼吸防尘装置，目前生产的有 AYH - 1 型、AYH - 2 型和 AYH - 3 型 3 种型号。

第七节　物理化学降尘技术

自 20 世纪 60 年代国外矿山应用表面活性剂降尘以来，物理化学降尘技术得到了迅猛发展。我国是从 20 世纪 80 年代开始试验并推广应用降尘剂等物理化学降尘技术的，目前已在井下进行试验与应用的物理化学防尘主要有水中添加降尘剂降尘、泡沫降尘、磁化水降尘及黏尘剂降尘等。

一、添加降尘剂降尘

1. 降尘机理

据试验，几乎所有的煤尘都具有一定的疏水性，加之水的表面张力又较大，对粒径在 2 μm 以下的粉尘，捕获率低于 28%。添加降尘剂后，则可大大增加水溶液对粉尘的浸润性，即粉尘粒子原有的固—气界面被固—液界面所代替，形成液体对粉尘的浸润程度大大提高，从而提高降尘效率。

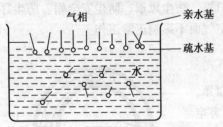

图 3 - 25　在水中的降尘剂分子示意图

降尘剂主要由表面活性物质组成。矿用降尘剂大部分为非离子型表面活性剂，也有一些阴离子表面活性剂，但很少采用阳离子型。表面活性剂是由亲水基和疏水基两种不同性质基团组成的化合物。降尘剂溶于水中时，其表面活性剂分子完全被水分子包围，亲水基一端被水分子吸引，疏水基一端被水分子排斥；亲水基被水分子引入水中，疏水基则被排斥伸向空气中，如图 3 - 25 所示。于是表面活性剂分子会在水溶液表面形成紧密的定向排列层。由于存在界面吸附层，使水的表层分子与空气接触状态变化，接触面积大大缩小，导致水的表面张力降低，同时朝向空气的疏水基与粉尘之间有吸附作用，而把尘粒带入水中，得到充分湿润。

2. 降尘剂的选择方法

（1）一般性要求。矿井选用的降尘剂应能满足无毒、无臭、能完全溶于矿井防尘用水中、低温时不发生结晶现象、无沉淀或盐析现象、对金属无腐蚀、不延燃、成本低、运输方便等要求。

（2）液体表面张力的观测方法。在适当添加浓度的条件下，各种降尘剂应当将水的表面张力由 72 mN/m 左右至少降低到 35 mN/m 以下。测定添加降尘剂水溶液表面张力的方法很多，精确测定时可借助界面张力仪或毛细管测定仪等仪器进行测定；若直观测定则可采取 Walker 法，即将一定量的粉尘轻轻放于水溶液表面，使其自然沉入水中，记录粉尘没入水面所需的时间，以此时间长短评价降尘剂降低水的表面张力情况。

（3）降尘剂使用浓度的确定。一般低于降尘剂临界浓度时，水的表面张力降低幅度与降尘剂浓度呈急剧下降趋势，但超过此临界后则趋于稳定。这是因为液面疏水基团趋于饱和，如图 3-26 所示。因此，各矿井在选用降尘剂时，首先要通过上述观测的方法，比较不同的降尘剂降低该矿井用水表面张力的情况，然后再通过试验确定临界浓度，并据此确定最佳使用浓度。

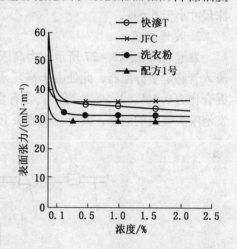

图 3-26 水的表面张力与降尘剂的关系

3. 降尘剂的添加方法

降尘剂在实际使用中，不但要通过试验选择最佳浓度，而且还要解决添加方法。目前我国矿山主要采用以下 5 种降尘剂添加方法：

（1）定量泵添加法。通过定量泵把液态降尘剂压入供水管路，通过调节泵的流量与供水管流量配合达到所需浓度。

（2）添加调配器。添加原理是在降尘剂溶液箱的上部通入压气（气压>水压），承压降尘剂溶液经液导管和三通添加至供水管路中。这种方法设备结构简单，操作方便，无供水压力损失，但必须以气压作动力。

（3）负压引射器添加法。降尘剂溶液被文丘里影射器所造成的负压吸入，并与水流混合添加于供水管路中，添加浓度由吸液管上的调节阀控制。由于这种方法成本低、定量准确，所以被广泛使用于各矿井中。

（4）喷射泵添加器。与前面的添加器相比，主要区别在于喷射泵有混合室，因此用喷射泵调配降尘剂可使其与水混合较好、定量更准确，供水管路压损小，工作状态稳定。

（5）孔板减压调节器。降尘剂溶液在孔板前的高压水作用下，被压入孔板后的低压水流中，通过调节阀门获得所需溶液的流量。

二、泡沫除尘

泡沫与水按一定比例混合在一起，通过发泡器产生大量高倍数泡沫状的液滴，喷洒到尘源或空气中。喷洒在煤（岩）上的无空隙的泡沫液体覆盖和隔断了尘源，使粉尘得到湿润和抑制；而喷射到含尘空气中的泡沫液则形成大量总体积和总表面积很大的泡沫粒子群，大大增加了雾液与尘粒的接触面积和附着力，提高了水雾的除尘效果。泡沫剂起到拦截、湿润、黏附、沉降粉尘的作用，可以捕集所有与泡沫相接触的粉尘，尤其对呼吸性粉尘有很强的凝聚能力。

1. 泡沫剂与泡沫剂溶液

表征泡沫特性的指标是泡沫的倍数和强度，其中发泡倍数可分为低倍数（5～50）、中倍数（50～200）及高倍数（＞200）；泡沫的强度是指泡沫的稳定程度，它是以泡沫从产生的瞬间起到破裂的时间或者半数泡沫破裂的时间来表示的，也可以液面形成的单个泡沫的持续时间来确定。

能够产生泡沫的液体称为泡沫剂。纯净的液体是不能形成泡沫的，只有液体内含有粗粒分散胶体、胶质体系或者细粒胶体等形成的可溶性物质时才能形成泡沫。在苏联矿山曾进行了 17 种不同表面活性剂的发泡剂除尘试验，取得的最佳参数是倍数为 100～200、泡沫尺寸小于 6 mm。

2. 发泡原理

发泡原理如图 3－27 所示，由高压软管供给的高压水，进入过滤器中加以净化，随后流入管路定量分配器，此处由于高压水引射作用将发泡储液槽中的发泡液按定量（一般混合比为 0.1%～1.5%）吸出；含有发泡原液的高压水通过高压软管流入发泡喷头。从发泡喷头喷出的泡沫，其射程随喷头上的金属网网孔大小而有所不同。

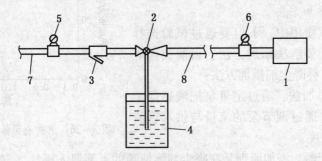

1—发泡喷头；2—管路定量分配器；3—过滤器；4—发泡储液槽；5、6—压力表；7、8—高压软管

图 3－27　发泡器原理示意图

泡沫降尘可应用于综采机组、掘进机组、带式运输机以及尘源较固定的地点。一般泡沫降尘效果较高，可达 90% 以上，尤其是对降低呼吸性粉尘效果显著。

三、磁化水除尘

目前，国内外对水系磁化技术的应用日趋广泛，水系磁化已引起各领域的高度重视。苏联最先进行了磁化水除尘试验。据列宁矿山和十月矿山对磁化水与常水降尘率进行对比试验表明，其平均降尘率可提高 8.15%～21.08%。此外，在磁化水中添加湿润剂还可在此基础上提高降尘率 38% 左右。我国是从 20 世纪 80 年代末开始在井下进行有关试验研究的，现已在各矿井推广应用。

磁性存在于一切物质中，并与物质的化学成分及分子结构密切相关，因此派生出磁化学。实践过程中又将其分为静磁学和共振磁学。目前，国内外降尘用磁水器都是在静磁学和共振磁学理论基础上发展起来的。

磁化水是经过磁水器处理过的水，这种水的物理化学性质发生了暂时的变化，此过程称为水的磁化。磁化水性质变化的大小与磁化器磁场强度、水中含有的杂质性质、水在磁化器内的流动速度等因素有关。

磁化处理后，由于水系性质的变化，可以使水的硬度突然升高，然后变软；水的电导率、黏度降低；水的晶格发生变化，使复杂的长链状变成短链状，水的氢键发生弯曲，并使水的化学键夹角发生改变。因此，水的表面张力、吸附能力、溶解能力及渗透能力增加，使水的结构和性质暂时发生显著的变化。

此外，水被磁化处理后，其黏度降低、晶构变小，会使水珠变小，有利于提高水的雾化程度，增加与粉尘的接触机会，提高降尘效率。

四、其他物理化学防尘技术

1. 超声波除尘

利用超声波除尘的基本原理：在超声波的作用下，空气将产生激烈振荡，悬浮的尘粒间剧烈碰撞，导致尘粒的凝结沉降。试验证明，超声波可使那些用水无法除去或难以除去的微小尘粒沉降下来，但必须控制好超声波的频率以及相应的粉尘浓度。国外研究表明，用超声波除尘的声波频率在 2000～8000 Hz 范围内为宜。

2. 电离水除尘

电离水除尘的原理是通过电离水使弥散于空气中的粉尘粒子及降尘雾滴带电，利用带电极性相反时相互吸引的原理，实现粉尘的凝聚沉降。

3. 用微生物方法降低煤尘

国内外对微生物降低瓦斯和煤尘的试验也正在进行。这种方法的原理：在有氧的情况下，微生物悬浮液能够直接在煤体中实现瓦斯的低温氧化作用，使煤体硬度降低 15%～20%；当煤体破碎时，由于塑性增加，产尘量降低。据报道，采用这种方法可使工作面瓦斯含量降低 50%～75%，煤尘产生量降低 40%～70%。河南中煤矿业科技发展有限公司研制成功的瓦斯消溶剂是国内外瓦斯治理的新方法。瓦斯消溶剂是一种用生物技术筛选、培育、驯化的液态嗜瓦斯菌，用高压水混合注入煤层后，能在 5～60 min 内吞噬煤层中的瓦斯，形成无毒无害且对煤质无影响的脂质有机物，达到消灭瓦斯突出动力现象、减少瓦斯涌出量的目的。

4. 声波雾化降尘技术

当前的喷雾降尘技术普遍存在着降低呼吸性粉尘效果差、耗水量大的缺点，其降尘率一般只有 30% 左右。为了改善和提高喷雾降低呼吸性粉尘的效果，煤炭科学研究总院重庆分院研究了声波雾化降尘技术。该项技术是利用声波凝聚、空气雾化的原理，提高尘粒与尘粒、雾粒与尘粒的凝聚效率以及雾化程度来提高呼吸性粉尘的降尘效率。

5. 荷电水雾降尘

水雾带上电荷就称为荷电水雾。荷电水雾降尘是用人为的方法使水雾带上与尘粒电荷符号相反的电荷，使雾滴与尘粒之间增加了另外一种力量——静电吸引力或库仑力。这种作用力大大增强雾滴与尘粒之间的附着效果和凝聚效果，因而能大幅度地提高水雾降尘的效率，提高对微细粉尘的捕捉率。

荷电水雾降尘效率的高低，主要取决于水雾的荷电方法、粉尘的带电性及喷雾量等因素。水雾受控荷电通常有三种方法：电晕场荷电法、感应荷电法及喷射荷电法。

水雾荷电方法不同，水雾带电极性及荷电量也不相同。

粉尘的带电性主要指粉尘极性和荷电量。由库仑定律可知，当粉尘所带电荷与水雾所带电荷相异时，荷电水雾才能较有力地吸引粉尘；当粉尘不带电时，荷电水雾对粉尘的吸力是因粉尘在电场中被极化后由电场梯度力而引起的，此力的大小在很大程度上取决于尘粒的长短轴之比，以及极化的难易程度；当粉尘所带电荷与水雾的极性相同时，粉尘将受到斥力，其捕尘效果甚至低于清水水雾。因此，尽管生产过程中产生的微细粉尘大多数都带电荷，但当使用荷电水雾降尘时，要注意粉尘本身的带电极性和荷电量。

　　荷电水雾降尘用于井下风流净化，降尘效果较好。荷电水雾装置的安设位置，视产尘点、产尘量及含尘风流状况确定。对于含尘空气为非定向流动的场所，可在产尘点适当位置安设，只要它的有效（射程内）面积能覆盖整个产尘面，即可获得良好的降尘效果。对于含尘空气作定向流动的场所（如巷道内），则可在含尘空气通过的地段设置荷电水雾装置，或用若干喷嘴组成适当的荷电水幕，效果更好。

复习思考题

1. 什么是矿山综合防尘措施？
2. 何谓最低及最优排尘风速？在实际工作中如何确定最优排尘风速？
3. 常见的减尘措施有哪些？
4. 影响煤层注水效果的因素有哪几个方面？
5. 喷雾洒水降尘的作用是什么？
6. 掘进除尘系统有哪几种？各有什么特点？
7. 常见的湿式除尘装置有哪些？
8. 阻尘措施有哪些？

第四章　煤尘爆炸事故的预防及防治

第一节　煤尘爆炸机理及特征

一、煤尘爆炸事故类型

按照爆炸事故特征，煤矿粉尘爆炸事故可以分成两类：一类是单一的煤尘爆炸事故，另一类是瓦斯煤尘爆炸事故。

单一煤尘爆炸事故，是指在没有瓦斯参与的情况下，由于矿井粉尘浓度处于爆炸极限浓度区间内，在外界火源激发的情况下发生爆炸事故。例如，2007年4月16日河南平顶山市宝丰县王庄煤矿井下发生一起煤尘爆炸事故，死亡31人，就属于单一煤尘爆炸事故。这类事故的外界火源多为爆破引起的能量密度较高的火源。

瓦斯煤尘爆炸事故，一般是矿井首先发生瓦斯爆炸，爆炸冲击波扬起巷道四壁的沉积粉尘，形成"粉尘云"，其浓度处于爆炸极限范围内，在瓦斯爆炸气流的高温高压作用下，煤尘被强制点燃爆炸。这类事故一旦发生，如果矿井未设立阻爆隔爆系统或系统不完善，则会导致矿毁人亡的灾难性后果发生。例如，1942年辽宁本溪煤矿发生的瓦斯煤尘爆炸事故，死亡1549人，伤146人，成为世界煤矿开采史上最大的死亡事故。2005年12月7日，河北省唐山市恒源实业有限公司（原刘官屯煤矿）发生一起瓦斯煤尘爆炸事故，造成108人死亡，29人受伤，直接经济损失达4870.67万元。

二、煤尘爆炸的机理及过程

煤尘爆炸是在高温或具有一定点火能的热源作用下，空气中的氧气与煤尘急剧氧化的反应过程，是一种非常复杂的链式反应。一般认为其爆炸机理及过程如下：

（1）煤本身是可燃物质，当它被破碎成微细的煤尘后，总表面积显著增加，吸氧和被氧化的能力大大增强，一旦遇见高温热源，氧化过程迅速展开。

（2）当温度达到300~400℃时，煤的干馏现象急剧增强，放出大量的可燃性气体，主要成分为甲烷、乙烷、丙烷、丁烷、氢和1%左右的其他碳氢化合物。

（3）形成的可燃气体积聚于尘粒周围，形成气体外壳，当这个外壳内的气体达到一定浓度并吸收一定能量后，链反应过程开始，游离基迅速增加，就发生了尘粒的闪燃。

（4）闪燃所形成的热量传递给周围的尘粒，并使之参与链式反应，导致燃烧过程急剧地循环进行，当燃烧不断加剧使火焰速度达到每秒数百米后，煤尘的燃烧便在一定临界条件下跳跃式地转变为爆炸。

图4-1展示了煤尘爆炸链式反应过程，图4-2则形象地展示了一起煤尘爆炸事故的形成过程。从这两个图中可以发现两个基本事实：第一，煤尘爆炸有一个启动过程，客观

上为扑灭煤尘爆炸提供了时间；第二，煤尘爆炸除了煤尘的因素外，环境条件对爆炸事故的形成、破坏特征与后果有很大的作用。

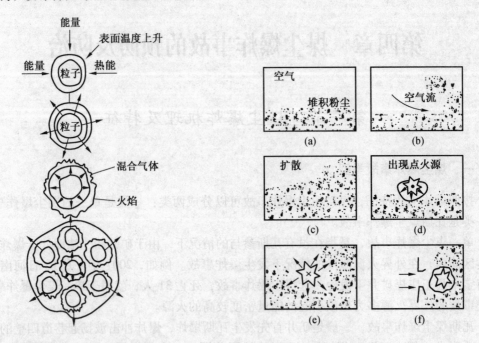

图4-1　煤尘爆炸链式反应过程　　　　图4-2　煤尘爆炸事故的形成过程

从燃烧转变为爆炸的必要条件是由于化学反应的热能必须超过热传导和辐射所造成的热损失，否则燃烧既不能持续发展，也不会转变为爆炸。

三、煤尘爆炸的特征

矿井发生爆炸事故，有时是瓦斯爆炸，有时是煤尘爆炸，有时是瓦斯与煤尘混合爆炸。究竟是属于什么性质的爆炸，要看爆炸后的产状和痕迹。煤尘爆炸的特征已在第一章第六节叙述，这里不再赘述。

四、煤尘爆炸的效应

以上分析说明，煤尘的燃烧及爆炸实际上是煤尘可燃气的燃烧及爆炸，所以煤尘爆炸具有与瓦斯爆炸相类似的特点，爆炸后同样要产生高温、高压和冲击波及生成大量有害气体、皮渣、黏块等。

（1）高温。煤尘的爆炸是其激烈氧化的结果，因此，在爆炸时要释放出大量的热量，这个热量可以使爆源周围气体的温度上升到2300~2500℃。这种高温是造成煤尘爆炸连续发生的重要条件。

（2）高压。煤尘的爆炸使爆源周围气体的温度急剧上升，必然使气体的压力突然增大。在矿井条件下煤尘爆炸的平均理论压力为736 kPa。许多国家曾分别在实验室和巷道中进行测定，其结果表明，爆炸压力随离开爆源的距离的延长而跳跃式不断增大，爆炸在扩展过程中如果有障碍物阻拦或巷道的断面突然变化及巷道拐弯等，则爆炸压力将增加得更大。

（3）高速火焰。在爆炸产生高温、高压的同时，爆炸火焰以极快的速度向外传播。一些国家利用试验巷道对其传播速度进行了测定，结果表明可达 1120 m/s。

（4）冲击波。煤尘爆炸同样形成冲击波，其传播速度比爆炸火焰传播得还要快，可达 2340 m/s，对矿井的破坏性极大。

（5）生成大量的一氧化碳。煤尘爆炸后生成大量的一氧化碳，其浓度可达 2% ~ 3%，有时甚至高达 8% 左右，这是造成矿工大量中毒伤亡的主要原因。

五、煤尘爆炸与瓦斯爆炸的区别

煤尘爆炸比瓦斯爆炸复杂，煤尘与瓦斯在参与爆炸时表现出各自不同的特点：

1. 存在状态不同

矿井巷道中的瓦斯通常完全混合于矿井空气中；而煤尘有浮尘和落尘之分，瞬间参与煤尘爆炸的是浮尘，但落尘比浮尘的量多数倍，且落尘又在爆炸瞬间可转化为浮尘能参与连续爆炸或二次爆炸。

2. 发现的难易程度不同

瓦斯在巷道中的浓度在比它的爆炸下限低几倍时就能发现，而落尘厚度小于 1 mm 时则很难判断其是否具有爆炸的危险性，实际上这部分煤尘一旦飞扬于矿井空气中，就具有引起强烈爆炸的危险。

3. 爆炸倾向性不同

矿井内瓦斯的燃烧性与爆炸性在所有的瓦斯矿井内实际上都是相同的，而煤尘的爆炸倾向程度各矿不尽一致。在某些矿井内，煤尘完全没有爆炸的倾向；在有煤尘爆炸危险的矿井内，煤尘爆炸又受诸多因素的影响而显示出较大差异。

4. 荷电性不同

尘云很容易带有静电荷，而瓦斯则不具有这种特性。

5. 产生一氧化碳量多少不同

瓦斯爆炸时，若氧气不足，则产生少量一氧化碳；而煤尘爆炸时由于部分煤尘被焦炭化可产生大量极毒的一氧化碳。

第二节 煤尘爆炸的条件及影响因素

一、煤尘爆炸的条件

煤尘爆炸必须同时满足以下 3 个条件。

1. 煤尘的爆炸性

煤尘爆炸是煤尘受热氧化后，放出可燃性气体遇高温发生剧烈反应形成的。但是有的煤尘受热氧化后，产生很少的可燃气体，不能使煤尘发生爆炸。所以煤尘又可分为有爆炸性煤尘和无爆炸性煤尘。《煤矿安全规程》规定，煤尘的爆炸性由国家授权单位进行鉴定。

2. 煤尘浓度

只有当煤尘悬浮在空气中时，它的全部表面积才能与空气中的氧接触，并在氧化、热化的过程中放出大量的可燃气，为爆炸创造条件。然而，煤尘的热化和氧化过程中，必须使煤尘所吸收的热量超过散失的热量。如果煤尘的浓度比较低，尘粒与尘粒之间的距离比较大，燃烧所生成的热量很快被周围的介质所吸收，则爆炸无法形成；但是，如果煤尘的浓度过大，煤尘在氧化和热化过程中放出的热量为煤尘本身所散失掉，同样爆炸无法形成。因此，煤尘的浓度只有达到一定的范围，才可能发生爆炸。这个范围就叫煤尘爆炸界限，最低爆炸浓度称为爆炸下限，最高爆炸浓度称为爆炸上限。也就是说，煤尘爆炸是在其爆炸下限到爆炸上限之间发生的。我国对煤尘爆炸的试验结果见表 4 – 1。

表 4 – 1　我国对煤尘爆炸的试验结果　　　　　　　　　　　　　　　g/m^3

煤尘爆炸下限浓度	煤尘爆炸最强的浓度	煤尘爆炸上限浓度
45	300 ~ 400	1500 ~ 2000

必须指出，在井下各生产环节，不可能产生大于 $45\ g/m^3$ 的煤尘浓度。但是，当巷道周围等处的沉积煤尘受震动和冲击时，它们会重新飞扬起来，此时就足以达到煤尘爆炸浓度。所以说，悬浮煤尘是产生煤尘爆炸的直接原因，而沉积煤尘是造成煤尘爆炸的最大隐患。

3. 引起煤尘爆炸的热源

煤尘爆炸引燃温度的变化范围比较大，它是随煤尘的性质及试验条件的不同而变化的。经试验得知，我国煤尘的引燃温度在 610 ~ 1050 ℃，一般为 700 ~ 800 ℃。与瓦斯爆炸一样，煤尘爆炸也有一个感应期，即煤尘受热分解产生足够数量的可燃气体形成爆炸所需的时间。根据试验，煤尘爆炸的感应期主要决定于煤的挥发分含量，一般为 40 ~ 280 ms，挥发分越高，感应期越短。

二、影响煤尘爆炸的因素

影响煤尘爆炸的因素很多，如煤的成分、煤的性质、煤的粒度以及外界条件等。这些因素中，有的是增加煤尘爆炸性的，有的是抑制和减弱其爆炸危险性的，认识和掌握这些规律并在实践中结合具体情况加以运用，就能减少或避免事故的发生。

1. 煤的成分

煤的组成除固定碳外还有挥发分、水分、灰分等，它们对煤尘的爆炸性起着不同的作用。

（1）挥发分。煤的挥发分含量是影响煤尘爆炸的最重要因素。理论和实践都已证明，煤尘的挥发分含量越高，煤尘的爆炸危险性越强，即变质程度低的煤，其煤尘的爆炸性强，随变质程度的增高而爆炸性减弱。我国的煤，不同煤质挥发分含量依次增高的顺序是无烟煤、贫煤、焦煤、肥煤、气煤、长焰煤和褐煤。一般说来，煤尘的爆炸性也是按照这个次序增加的。其中，无烟煤的挥发分含量低，它的煤尘基本上不爆炸。煤尘的爆炸性还与挥发分的成分有关，即使同样挥发分含量的煤尘，有的爆炸，有的却不爆炸。因此，煤的挥发分含量（煤尘爆炸指数）仅可作为确定煤尘有无爆炸危险的参考依据。不同成分的煤尘挥发分的临界值，只能通过大量试验得出，如图 4 – 3 所示。

（2）灰分。煤尘中的灰分是不可燃物质，它使煤尘的比重增加，因此，灰分能吸收大量的热量，起到降温、阻止煤尘飞扬使其迅速沉降以及抑制煤尘爆炸传播的作用。据试验得知，当煤尘中的灰分含量小于 10% 时，它对煤尘的爆炸性没有什么影响；当灰分的含量达 30% ~ 40% 时，煤尘的爆炸性急剧下降；当灰分的含量达到 60% ~70% 时，煤尘失去其爆炸性。煤的灰分对爆炸性的影响还与挥发分含量有关，挥发分小于 15% 的煤尘，灰分的影响比较显著；挥发分大于 15% 时，天然灰分对煤尘的爆炸性几乎没有影响。

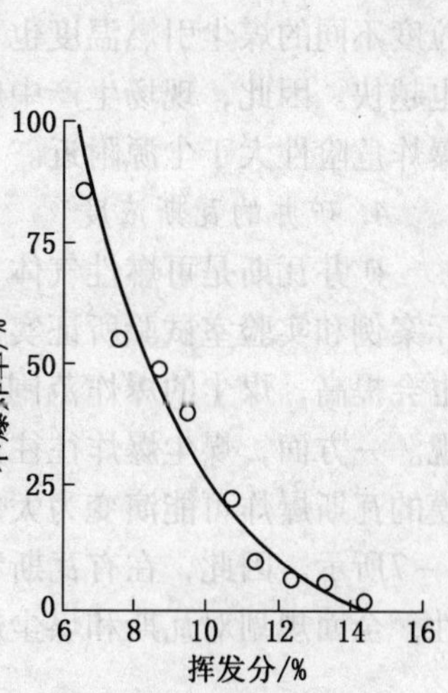

（3）水分。水分是不可燃物，而且水分能黏结煤尘，因此，煤尘中的水分有吸热降温阻止燃烧、阻止煤尘飞扬使其迅速沉降以及阻挡煤尘爆炸传播的抑制作用。

图 4-3　煤尘挥发分与不爆炸率的关系

2. 煤尘浓度

当煤尘的浓度在爆炸界限范围内时才能爆炸，而在爆炸界限内随着煤尘的浓度不同其爆炸的强度也不一样，从爆炸下限浓度到爆炸最强浓度，其爆炸强度逐渐增大；从爆炸最强浓度到爆炸上限浓度其爆炸强度逐渐减弱。

3. 煤尘粒度

粒度对煤尘爆炸性的影响极大。试验表明，粒径在 1 mm 以下的煤尘粒子都能参加爆炸，而且粒度越小，其受热氧化越充分，释放可燃性气体越快，因而，爆炸的危险性随粒度的减小而迅速增加。通常粒度为 75 μm 以下的煤尘是爆炸的主体；30 ~75 μm 的煤尘爆炸性最强；粒径小于 60 μm 后，煤尘爆炸性增强的趋势变得平缓；当粒度过小时（10 μm 以下），煤尘的爆炸性有减弱的趋势。这是由于过细的煤尘在空气中迅速氧化成灰烬所致，也有人认为是过细的煤尘"凝结"成"煤尘团"的缘故。

煤尘粒度分布对爆炸压力也有明显的影响。试验表明，在同一煤种不同粒度条件下，爆炸压力随粒度的减小而增高，爆炸范围也随之扩大，即爆炸性增强，如图 4-4 所示。

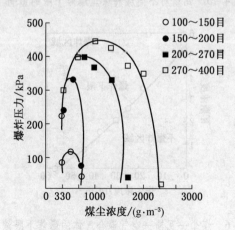

图 4-4　煤尘粒度对爆炸压力的影响

粒度不同的煤尘引燃温度也不相同。煤尘粒度越小,所需引燃温度越低,且火焰传播速度也越快。因此,现场生产中应当注意:远离尘源的回风道内,由于煤尘粒度越小,潜在的爆炸危险性大于尘源附近。

4. 矿井的瓦斯浓度

矿井瓦斯是可燃性气体,当其混入时,煤尘爆炸的下限浓度降低。这一观点已经为实际案例和实验室试验所证实。混入量越大,则煤尘爆炸的下限浓度越低,煤尘爆炸的上限也会提高,煤尘的爆炸范围扩大。这一特征在有瓦斯煤尘爆炸危险的矿井应引起高度重视。一方面,煤尘爆炸往往是由瓦斯爆炸引起的;另一方面,在煤尘参与的情况下,小规模的瓦斯爆炸可能演变为大规模的瓦斯煤尘爆炸事故,造成严重的后果,如图 4-5~图 4-7所示。因此,在有瓦斯和煤尘爆炸危险的矿井中,要综合考虑瓦斯和煤尘爆炸的危险性,全面规划对瓦斯和煤尘爆炸的预防措施。

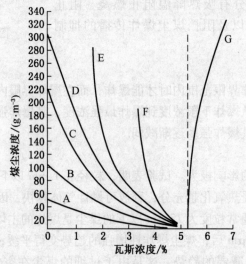

A—褐煤(挥发分含量 $V_r = 44.5\%$);B—烟煤($V_r = 36\%$);C—烟煤($V_r = 30\%$);

D—焦煤($V_r = 23.4\%$);E—瘦煤($V_r = 18.9\%$);F—瘦煤($V_r = 11.7\%$);

G—瘦煤($V_r = 3.18\% \sim 8.13\%$)

图 4-5 瓦斯对不同煤种煤尘爆炸下限的影响

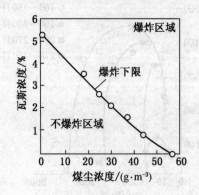

图 4-6 煤尘—瓦斯—空气混合气体的爆炸下限浓度

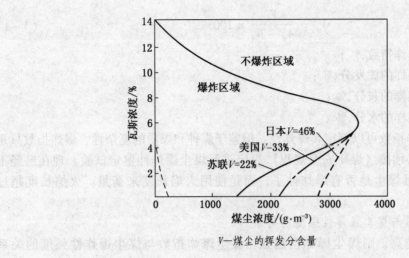

V—煤尘的挥发分含量

图4-7 煤尘—瓦斯—空气混合气体的爆炸上限浓度

我国试验得出的瓦斯浓度与煤尘爆炸下限浓度的关系见表4-2。

表4-2 瓦斯浓度与煤尘爆炸下限浓度的关系

空气中瓦斯浓度/%	0.5	1.4	2.5	3.5	备注
煤尘爆炸下限浓度/(g·m⁻³)	34.5	26.4	15.5	6.1	$V_r = 20\%$

5. 空气中氧的含量

空气中氧的含量高时，点燃煤尘云的温度可以降低；空气中氧的含量低时，点燃煤尘云困难，当氧含量低于17%时，煤尘就不再爆炸。煤尘的爆炸压力也随空气中含氧量的不同而不同。氧含量高，爆炸压力高；氧含量低，爆炸压力低。

6. 引爆热源

煤尘爆炸，必须有一个达到或超过最低点燃温度和能量的引爆热源。引爆热源的温度越高，能量越大，越容易点燃煤尘云，而且煤尘初始爆炸的强度也越大；反之温度越低，能量越小，越难以点燃煤尘云，且即使引起爆炸，初始爆炸的强度也越小。

第三节 煤尘爆炸性的鉴定

《煤矿安全规程》规定，新建矿井或者生产矿井每延深一个新水平，应当进行1次煤尘爆炸性鉴定工作，鉴定结果必须报省级煤炭行业管理部门和煤矿安全监察机构。煤矿企业应当根据鉴定结果采取相应的安全措施。煤尘的爆炸性由国家授权单位进行鉴定。

一、煤尘爆炸指数及其与煤尘爆炸性强度的关系

1. 煤尘爆炸指数

煤尘爆炸指数是指煤中含有的挥发分占可燃物质的百分数，是确定煤尘爆炸危险性的一个参数。计算公式：

$$V_r = \frac{V_f}{A_g - W_f} \times 100\% \qquad (4-1)$$

式中　V_r——煤尘爆炸指数，%；

　　　V_f——分析煤样的挥发分，%；

　　　A_g——分析煤样的灰分，%；

　　　W_f——分析煤样的水分，%。

　　虽然用煤尘爆炸指数可以判定其爆炸性，但鉴于煤种和煤质的复杂性，爆炸指数只是一个初步判断，还必须按《煤矿安全规程》规定进行煤尘爆炸性鉴定试验。现在已经不使用爆炸指数来衡量煤尘是否有爆炸性了，而是使用火焰长度来衡量。火焰长度超过3 mm即有爆炸性。

　　2. 煤尘爆炸指数与煤尘爆炸性强度的关系

　　煤尘爆炸指数越高，则煤尘爆炸性越强。煤尘爆炸指数与煤尘爆炸性强度的关系如下：

　　（1）爆炸指数小于 10%，煤尘一般不爆炸。

　　（2）爆炸指数为 10% ~15%，煤尘爆炸性较弱。

　　（3）爆炸指数为 15% ~28%，煤尘爆炸性较强。

　　（4）爆炸指数大于 28%，煤尘爆炸性强烈。

二、煤尘爆炸性鉴定

　　煤尘爆炸性的鉴定方法有两种：一种是在大型煤尘爆炸试验巷道中进行，这种方法比较准确可靠，但工作繁重复杂，所以一般作为标准鉴定用；另一种是在实验室内使用煤尘爆炸性鉴定装置进行，方法简便，目前多采用这种方法。

　　煤尘爆炸性鉴定装置示意图如图 4-8 所示。

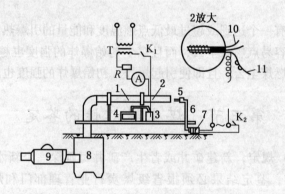

1—燃烧管；2—铂丝加热器；3—冷瓶；4—高温计；5—试料管；
6—导管；7—电磁气筒；8—排尘箱；9—小风机；10—铂铑热电偶；11—铂丝

图 4-8　煤尘爆炸性鉴定装置示意图

　　1. 煤尘爆炸性鉴定装置的组成

　　煤尘爆炸性鉴定装置由以下构件、仪器、设备组成：

　　（1）弯管。内径为 7 mm，由不锈金属管制成。

（2）试样管。长为 100 mm，内径为 9 mm，喷料口直径为 4.5~5 mm，由不锈金属制成。

（3）玻璃管。内径为 75~80 mm，壁厚为 3^{+1}_{0} mm，长为 1400 mm，有九五硬质料玻璃制成；在一端距管口 400 mm 处开一个直径为 12~14 mm 的小孔。

（4）除尘箱。外形尺寸（长×宽×高）为 500 mm×200 mm×475 mm；内设有挡板。

（5）吸尘器。电源电压为 AC220 V，频率为 50 Hz，功率为 1000 W。

（6）热电偶。长度为 150 mm，直径为 1.5 mm，K 分度型。

（7）加热器。将铂丝沿瓷管的螺纹槽缠绕，铂丝之间的间隔距离为 1 mm，共缠绕 50~55 圈，缠绕段总长度比玻璃管的内径小 6 mm（每端的端点距管壁都为 3 mm），用铂丝将缠绕起点和终点捆牢，并将铂丝的一端固定在起点上，另一端引出玻璃管，热电偶的接点插在瓷管内，位于加热丝的中部。

加热器瓷管。外径为（3.8±0.2）mm，内径为 $1.6^{+0.2}_{0}$ mm，长为 105 mm；在一端的 3 mm 处起，表面具有螺距为 1.3 mm、槽宽为 0.3 mm、槽深为 $0.12^{+0.02}_{0}$ mm 的三角形螺纹槽，全长为 75 mm；在 1200 ℃温度下不发生弯曲变形；不与盐酸发生化学反应。

铂丝。直径为 0.3 mm，长为 1.1 m。

（8）微型空气压缩机。电源电压为 AC220 V，频率为 50 Hz；额定压力为 1 MPa；额定流量为 0.3 m³/min。

（9）电磁阀。电源电压为 AC220 V，频率为 50 Hz；额定压力为 0.6 MPa。

（10）气压表。表压 0.25 MPa；精度 2.5。

（11）气室。内径为 40 mm，长 100 mm；额定承压压力为 1 MPa。

（12）电流表。电源电压为 AC220 V，频率为 50 Hz；最大输入电流为 10 A。

（13）数字温度显示仪。电源电压为 AC220 V，频率为 50 Hz；0.3 级 PID 智能调节；双四位显示；模拟变送输出；上下限报警功能。

（14）控制仪。电源电压为 AC220 V，频率为 50 Hz；移相控制范围为 0~100%；移相存储范围为 0~100%；测量精度为 0.2% FS±1 字。

（15）交流接触器。线圈电压为 AC220 V，频率为 50 Hz；触电容量为 10 A。

（16）时间继电器。电源电压为 AC220 V，频率为 50 Hz；延时范围为 0~30 s。

（17）交流变压器。线圈电压为 AC220 V，频率为 50 Hz；功率为 150 W；输入电压为 AC220 V，频率为 50 Hz；输出电压为 AC40 V，频率为 50 Hz。

（18）可控硅。耐压 500 V；额定电流为 30 A。

2. 煤尘爆炸性鉴定的试验步骤

（1）打开装置电源开关，检查仪器是否正常工作。

（2）打开装置加热器升温开关，使加热器温度逐渐升温至（1100±1）℃。

（3）用 0.1 g 感量的架盘天平称取（1±0.1）g 鉴定试样，装入试样管内，将试样聚集在试样管的尾端，插入弯管。

（4）打开空气压缩机开关，将气室气压调节到 0.05 MPa。

（5）按下启动按钮，将试样喷进玻璃管内，形成煤尘云。

（6）观察并记录火焰长度。

（7）同一个试样做 5 次相同的试验，如果 5 次试验均未产生火焰，还要再做 5 次相同的试验。

（8）做完5次（或10次）试样试验后，要用长杆毛刷把沉积在玻璃管内的煤尘清扫干净。

（9）对于产生火焰的试样，还要做添加岩粉试验：按估计的岩粉百分比用量配置总量为5 g的岩粉和试样的混合粉尘，放在一个直径为50 mm的称量瓶内，加盖后用力摇动，混合均匀。然后称取5份各为1 g的混合粉尘，分别放置在直径为30 mm的称量瓶内，逐个按上述试验步骤进行试验。在5次试验中，如有一次出现火焰（小火舌），则应重新配置混合粉尘，即在原岩粉百分比用量的基础上再增加5%，继续试验，直至混合粉尘不再出现火焰为止；如果第一次配制的混合粉尘在5次试验中均未产生火焰，则应配制降低岩粉用量5%的混合粉尘，继续试验，直至混合粉尘产生火焰为止。

（10）对鉴定试样和添加岩粉的混合粉尘进行试验时，必须随时将试验结果记录在煤尘爆炸性鉴定原始记录表上，原始记录格式及内容见表4-3。

表4-3 煤尘爆炸性鉴定原始记录表

鉴定试样编号_____		鉴定日期____年____月____日					鉴定人员_____			
试验次数	1	2	3	4	5	6	7	8	9	10
火焰长度/mm										
混合粉尘岩粉用量/%										

（11）每试验完一个鉴定试样，要清扫一次玻璃管，并用毛刷顺着铂丝缠绕方向轻轻刷掉加热器表面上的浮尘，同时开动实验室的排风换气装置，进行通风，置换实验室内的空气。

3. 鉴定试样结果的评定

（1）在5次鉴定试样试验中，只要有一次出现火焰，则该鉴定试样为"有煤尘爆炸性"。

（2）在10次鉴定试样试验中均未出现火焰，则该鉴定试样为"无煤尘爆炸性"。

（3）凡是在加热器周围出现单边长度大于3 mm的火焰（一小片火舌），均属于火焰；而仅出现火星，则不属于火焰。

（4）以加热器为起点向管口方向所观测到的火焰长度作为本次试验的火焰长度；如果这一方向未出现火焰，而仅在相反方向出现火焰时，应以此方向确定为本次试验的火焰长度；选取5次试验中火焰长度最长的1次的火焰长度作为鉴定试样的火焰长度。

（5）在添加岩粉试验中，混合粉尘刚刚不出现火焰时，该混合粉尘中的岩粉用量百分比即为抑制煤尘爆炸所需的最低岩粉用量。

4. 鉴定报告

（1）对鉴定试样进行煤尘爆炸性试验后，必须填写"实验室煤尘爆炸性鉴定报告表"，鉴定报告表的格式及内容见表4-4。

表4-4　实验室煤尘爆炸性鉴定报告表

供样单位_____　　　鉴定日期_____年___月___日　　　报出日期_____年___月___日

鉴定试样编号	煤样编号	采样地点及煤层名称	工业分析				火焰长度/mm	抑制煤尘爆炸最低岩粉量/%	鉴定结论
			水分(M_{ad})/%	灰分（A_{ad}）/%	挥发分/%				
					V_{ad}	V_{daf}			

鉴定单位（盖章）：　　　负责人：　　　审核人：　　　鉴定人：

（2）鉴定报告必须由鉴定人、审核人、负责人及鉴定单位签字盖章才能有效。

（3）鉴定报告表一式两份，一份由鉴定单位保存，另一份提供给供样单位。煤矿企业应根据鉴定结果采取相应的安全措施。

矿井中只要有一个煤层的煤尘有爆炸危险，该矿井就应定为有煤尘爆炸危险的矿井。根据煤尘爆炸性试验，我国煤矿具有煤尘爆炸危险的矿井普遍存在。全国煤矿中，具有爆炸危险的矿井占煤矿总数的60%以上，煤尘爆炸指数在45%以上的煤矿占16.3%。国有重点煤矿中具有煤尘爆炸危险性的煤矿占87.3%，其中具有强爆炸性的占60%以上。

第四节　预防煤尘爆炸的技术措施

如前所述，煤尘爆炸必须在3个条件同时具备时才可能发生，如果不让这些条件同时存在，或者破坏已经形成的这些条件，就可以防止煤尘爆炸的发生和发展。这是制定各种防止煤尘爆炸措施的出发点和基本原则。

一、防积聚

一般情况下，生产场所的浮游煤尘浓度是低于煤尘爆炸下限浓度的。但是，因空气振动、爆破的冲击波等原因使沉积煤尘重新飞扬起来，这时的煤尘浓度大大超过爆炸下限浓度。据估算4 m² 断面的小巷道的周边上，只要沉积0.04 mm 厚的一层煤尘，当它全部飞扬起来，就达到了爆炸下限。实际上，井下的沉积煤尘都超过了这个厚度，所以，减少巷道内的沉积煤尘量并清除出井，是最简单有效的防爆措施。

各生产环节只有采用有效的防尘、降尘措施，减少煤尘的产生，才可能降低空气中的煤尘浓度，也才可能降低沉积煤尘量。因此，综合防尘措施既是减少粉尘危害工人健康的措施，也是防止煤尘爆炸的治本措施。

（1）井下要有完善的防尘管路系统，保证完好，严禁破坏。

（2）采取减少粉尘产生的措施。改进采掘机械的截齿及分布状态，选用产尘量小的最佳截割参数；在可能的条件下减少炮眼数量及装药量；加强采煤工作面煤层注水工作，确保注水效果，减少粉尘生成量；湿式打眼；爆破使用水炮泥；坚持爆破前后冲洗岩帮；出煤（岩）预先洒水。

（3）采取降尘措施，即降低浮尘浓度。喷雾洒水，在采掘工作面、井下煤仓、溜煤眼、翻笼处、输送机机头、装车站等井下凡能产生煤尘的地点，均应设置喷雾洒水装置。机采工作面的采煤机配有专门洒水装置。采煤机内外喷雾、转载点喷雾、放煤口喷雾、负压二次降尘及支架间喷雾必须保证完好，且正常使用；进风大巷及回风大巷按规定安设净化水幕，皮带巷要求实现自动喷雾；坚持用好综掘机内外喷雾、爆破喷雾、除尘风机及其他防尘设施；合理匹配风量、调整风速，防止煤尘飞扬。

（4）采取排尘措施，即采用通风方法把悬浮于风流中的粉尘排出作业场所，或增大风量稀释作业场所的粉尘浓度。

（5）采取除尘措施，即及时消除落尘。按要求定期冲刷积尘，杜绝煤尘堆积，落尘较多的地区，要定期清扫或冲刷巷道。

（6）定期测定粉尘，检验综合防尘措施实施效果，指导防尘措施的改进。

二、防引燃

井下能引起煤尘爆炸的着火源有电气火花、摩擦火花、摩擦热，煤自燃而形成的高温点、爆破作业出现的爆燃以及瓦斯爆炸所产生的高温产物等。消除这类着火源的主要技术措施有保持矿用电气设备完好的防爆性能，加强管理防止出现电气设备失爆现象，选用非着火性轻合金材料，避免产生危险的摩擦火花，输送带、风筒、电缆等常用的非金属材料必须具有阻燃、抗静电性能，采用阻化剂、凝胶或氮气防止煤柱、采空区残留煤发生自燃。除采取上述技术措施外，同时还要加强瓦斯管理防止瓦斯爆炸事故的发生。

1. 防止明火

（1）严禁携带烟草、点火物品和穿化纤衣服入井。

（2）严禁携带易燃品入井，必须带入井下的易燃品要经矿总工程师批准。

（3）井口房和通风机房附近 20 m 内，不得有烟火或用火炉取暖。

（4）井下严禁使用灯泡取暖和使用电炉。

（5）井下和井口房内不得从事电焊、气焊和喷灯焊接等工作。如果必须在井下主要硐室、主要进风井巷和井口房内进行电焊、气焊和喷灯焊接等工作，每次必须制定安全措施，并遵守《煤矿安全规程》的规定。

（6）井下使用的汽油、煤油和变压器油必须装入盖严的铁桶内，由专人押运送至使用地点，剩余的汽油、煤油和变压器油必须运回地面，严禁在井下存放。

井下使用的润滑油、棉纱、布头和纸等，必须存放在盖严的铁桶内。用过的棉纱、布头和纸，也必须放在盖严的铁桶内，并由专人定期送到地面处理，不得乱放乱扔。严禁将剩油、废油泼洒在井巷或硐室内。

井下清洗风动工具时，必须在专用硐室进行，并必须使用不燃性和无毒性洗涤剂。

（7）防止煤炭氧化自燃，加强火区检查与管理，定期采样分析，防止复燃。

（8）新工人入井前，必须进行防火、防爆安全教育，提高他们的安全意识。

2. 防止出现爆破火焰

（1）井下爆破作业，必须使用取得煤矿矿用产品安全标志的煤矿许用炸药和煤矿许用电雷管，使用合格的发爆器爆破，严禁使用产生火焰的爆破器材和爆破工艺。

（2）井下爆破作业，不得使用过期或严重变质的爆炸材料。

（3）炮眼深度和装药量要符合作业规程规定；炮眼炮泥装填要满、要实，防止爆破"打筒"，坚持使用水炮泥。

（4）禁止使用明接头或裸露的爆破母线；爆破母线与发爆器的连接要牢固，防止产生电火花；爆破工尽量在入风流中启动发爆器。

（5）严禁裸露爆破。

（6）爆破作业必须执行"一炮三检制"。

3. 防止出现电气火花

（1）煤矿井下必须采用矿用安全型、防爆型和安全火花型的电气设备。对电气设备的防爆性能定期、经常检查，不符合要求的要及时更换和修理；否则不准使用。

（2）井下不得带电检修、搬迁电气设备、电缆和电线。

（3）所有电缆接头不准有"鸡爪子""羊尾巴"和明接头。

（4）井口和井下电气设备必须有防雷和防短路保护装置；采取有效措施防治井下杂散电流。

（5）局部通风机开关要设风电闭锁、瓦斯电闭锁装置、检漏装置等。

（6）矿灯发放前应保证完好，在井下使用时严禁敲打、撞击，发生故障时严禁拆开。

4. 其他引火源的治理

（1）矿井中使用的高分子材料制品（如塑料、橡胶、树脂等），其表面电阻应低于规定值。其中，洒水、排水用塑料管壁表面电阻应小于 $10^9\,\Omega$，压风用管壁表面电阻应小于 $10^8\,\Omega$，喷浆用管壁表面电阻应小于 $10^8\,\Omega$，抽放瓦斯用管壁表面电阻应小于 $10^6\,\Omega$，以防止产生静电火花。

（2）随着井下机械化程度的日益提高，机械摩擦、冲击引燃瓦斯、煤尘的危险性也相应增加。防治的主要措施：在摩擦发热的部件上安设过热保护装置和温度检测报警断电装置；在摩擦部件金属表面溶敷活性低的金属，或在合金表面涂苯乙烯醇酸，以防止摩擦火花的产生；使用难引燃性能的合金工具。综合机械化机组作业的采掘工作面遇到坚硬岩石时，不能强行截割，应采取爆破处理；应定期检查机组截齿和喷水装置，保证其正常工作。

第五节　抑制煤尘爆炸范围扩大的措施

限制煤尘爆炸传播的方法主要是采取措施将已发生的煤尘爆炸限制在一定区域，尽量减少爆炸造成的损失，其措施主要有如下3个方面。

一、消除落尘

《煤矿安全规程》规定，每一矿井，矿长必须组织人员按计划对井巷定期清扫、冲洗煤尘和刷浆。从而保证即使沉积的煤尘再度飞扬起来也达不到煤尘爆炸的下限浓度，避免煤尘爆炸事故的发生。

1. 清扫

主要是对容易积尘的输送机两旁，转载机附近、翻煤笼附近、运输大巷和石门等处定期进行清扫。清扫的方法分人工清扫和机械清扫两种。人工清扫时可先洒水，防止扬起煤尘，清扫的煤尘必须运出。机械清扫，常用的是干式吸尘机和湿式清扫车。一般情况下，正常通风时，应从入风侧由外往里清扫，并尽量采用湿式清扫法。

2. 冲洗

定期用水对煤尘沉积较大的巷道顶板、棚梁和巷道两帮进行冲洗，冲洗下来的煤尘落到底板上并及时运出。冲洗井巷煤尘可由防尘洒水管路系统供水，小范围的冲洗由专用水车或盛水的普通矿车来供水。每平方米巷道冲洗水量应保证不小于 2 L。井下所有管路每 100 m 必须预留接洒水管的三通。冲洗周期按煤尘的沉积强度及煤尘爆炸的下限决定。在距尘源 30 m 的范围内，沉积强度大的地点，应每班或每日冲洗一次；距尘源较远或沉积强度小的巷道，可几天或一周冲洗一次；运输大巷可半月或一个月冲洗一次。

3. 刷浆

用生石灰与水按一定比例配制成的石灰浆喷洒在主要运输大巷周边，使已沉积在巷道周壁上的煤尘被石灰水湿润、覆盖而固结，不再飞扬起来参与爆炸，最好每半年进行一次刷浆。通常，石灰浆为生石灰和水按 1:1.5（体积比）配制，将石灰倒入水中搅拌后，把粒径大于 0.8 mm 的石灰渣滤除，倒入盛浆密封容器或喷浆车，利用气压或泵压进行喷洒固化，喷浆应保证浆膜均匀，用浆量可按每平方米 0.6~0.8 L 计算。

4. 黏结

国外广泛应用黏结法作为防止煤尘爆炸发生和传播的补充措施。该方法是将无机盐（$NaCl$、$CaCl_2$ 或 $MgCl_2$ 等）制成粉状或者加湿润剂做成浆糊状，洒在或喷洒在沉积煤尘多的巷道底板或周边，通过无机盐不断地吸收空气中的水分，使沉积于黏尘剂的煤尘湿润或黏住，丧失飞扬能力，使已发生的爆炸由于得不到煤尘补充而逐渐熄灭。

二、撒布岩粉

撒布岩粉是指定期在井下某些巷道中撒布惰性岩粉，用它覆盖沉积在巷道周边的沉积煤尘，增加沉积煤尘的灰分，抑制煤尘爆炸发生和传播。

1. 撒布岩粉的作用

处于落尘层面上的岩粉在巷道风速很低时，岩粉的黏滞性能阻碍沉积煤尘重新飞扬；当发生瓦斯或（及）煤尘爆炸等异常情况时，巨大的空气震荡风流把岩粉和沉积煤尘都吹扬起来形成岩粉—煤尘混合尘云。当爆炸火场进入混合尘云区域时，岩粉吸收火焰的热量使系统冷却，同时岩粉粒子还会起到屏蔽作用，阻止火焰或燃烧的煤粒向未烧着的煤尘粒子传递热量，最终使链反应断裂（中止）达到阻止煤尘着火的目的。因此，撒布岩粉防隔爆的方法国内外应用都比较广泛。

2. 惰性岩粉的组成成分

惰性岩粉一般为石灰岩粉和泥岩粉。对惰性岩粉的要求：

（1）可燃物含量不超过 5%，游离二氧化碳含量不超过 10%。

（2）不含有毒有害物质，吸湿性差。

（3）粒度应全部通过 50 号筛孔（即粒径全部小于 0.3 mm），且其中至少有 70% 能通过 200 号筛孔（即粒径小于 0.075 mm）。

国外一些煤矿为提高惰化岩粉的效果，在岩粉中添加磷酸二氢铵（$NH_4H_2PO_4$）、氯化钠（$NaCl$）、氯化钾（KCl）、碳酸氢钠（$NaHCO_3$）、碳酸氢钾（$KHCO_3$）等抑制剂。

爆炸火焰对泥岩粉的化学组分无大的影响，但对石灰岩粉影响很大。当温度在 800℃以上时，石灰岩粉能分解成二氧化碳和氧化钙，呈吸热反应，可降低火焰温度，生成的二氧化碳达 4%，可降低爆炸力，抑制火焰的传播。试验证实，1 kg 煤尘需加 2.08 kg 泥岩粉才能惰化，而用石灰粉只需 1.35 kg。

3. 惰性岩粉的撒布

在煤尘有爆炸危险的煤层中应该撒布岩粉的地点：采掘工作面的运输巷和回风巷；煤尘经常积聚的地点；煤尘有爆炸危险煤层和煤尘无爆炸危险煤层同时开采时，连接这两类煤层的巷道。

撒布岩粉时要求把巷道的顶、帮、底及背板后侧暴露处都用岩粉覆盖；岩粉的最低撒布量在做煤尘爆炸鉴定的同时确定，但煤尘和岩粉的混合煤尘，不燃物含量不得低于80%；如果巷道风流中含有 0.5% 以上的瓦斯，则不燃物含量不得低于 90%。撒布岩粉的巷道长度不小于 300 m，如果巷道长度小于 300 m 时，全部巷道都应撒布岩粉。

撒布岩粉可采用手工撒布法和压气喷撒法。操作人员应站在风流的上方，巷道的所有表面包括巷道的顶、帮、底及背板后侧暴露处，都应岩粉覆盖。

4. 岩粉撒布周期

岩粉撒布周期按下式计算：

$$T = W/P \qquad\qquad (4-2)$$

式中　T——岩粉撒布周期，d；

　　　W——煤尘爆炸下限浓度，g/m³；

　　　P——煤尘的沉积强度，g/(m³·d)。

对巷道中的煤尘和岩粉的混合矿尘，每 3 个月至少应化验一次，如果可燃物含量超过规定含量时，应重新撒布。

三、设置隔爆装置

隔爆装置的隔爆原理：在瓦斯煤尘爆炸时隔爆装置将会动作（水槽、岩粉槽破碎，水袋脱钩），并抛撒消焰剂形成抑制带，扑灭滞后于冲击波传播的爆炸火焰，以阻止爆炸传播。隔爆装置根据其动作方式的不同可分为被动式隔爆装置和自动抑爆装置。

（一）被动式隔爆装置

被动式隔爆装置是借助于爆炸冲击波的作用来喷洒消焰剂，而本身无喷洒动力源。

被动式隔爆装置的动作原理决定了其结构和安装必须符合一定的要求。首先，隔爆装置的材质、结构需在较低的爆炸压力下动作且有利于消焰剂的飞散（MT 157 标准规定隔爆水槽的动作压力不大于 16 kPa、隔爆水袋不大于 12 kPa）。其次，隔爆装置的安装位置必须在其有效隔爆范围内。如果隔爆装置距爆源太近，因爆炸压力太小不足以使其有效动作，同时爆炸冲击波和火焰传播时间间隔太小，使得爆炸火焰到达时隔爆装置来不及动作，影响其隔爆的有效性；如隔爆装置距爆源太远，则爆炸压力波和火焰传播时间间隔过大，使得爆炸火焰到达隔爆装置位置时，消焰剂已沉降到巷道底板，同样影响其隔爆效果。这是在使用中必须给予足够重视的问题。

1. 水棚

水棚包括水槽棚和水袋棚两种，根据其作用又可分为主要隔爆棚组和辅助隔爆棚组。

设置应符合以下基本要求:

(1) 主要隔爆棚组应采用水槽棚,水袋棚只能作为辅助隔爆棚组。

(2) 水棚组应设置在巷道的直线段内。其用水量按巷道断面计算,主要隔爆棚组的用水量不小于 400 L/m² (高度大于 4 m 的巷道,应设置双层棚子,上层水棚用水量按 30 kg/m² 计算,下层水棚用水量按 400 kg/m² 计算),辅助隔爆棚组不小于 200 L/m²。

(3) 相邻水棚组中心距为 0.5~1.0 m,主要隔爆棚组总长度不小于 30 m,辅助隔爆棚组不小于 20 m。

(4) 首列水棚组距工作面的距离,必须保持在 60~200 m 范围内。

(5) 水槽或水袋距顶板、两帮距离不小于 0.1 m,其底部距轨面不小于 1.8 m。

(6) 水内如混入煤尘量超过 5% 时,应立即换水。

(7) 水棚应设置在直段巷道内,水棚与巷道交叉口、转弯处的距离必须保持在 50~75 m,与风门的距离必须大于 25 m。

1) 水槽棚

水槽棚的作用和岩粉棚相同,只是用水槽盛水代替岩粉板堆放岩粉。水槽是由改性聚氯乙烯塑料制成的呈倒梯形的半透明槽体,槽体质硬、易碎,其半透明性便于直接观察槽内水位,有利于维护管理。

水槽在巷道内的布置形式有 3 种:悬挂式、放置式和混合式。悬挂式是将水槽的整个边沿放置在框架内,框架嵌入巷道壁内,如图 4-9a 所示;放置式是将水槽放置在水槽托架上,如图 4-9b 所示;混合式则是上述两种形式的组合,如图 4-9c 所示。

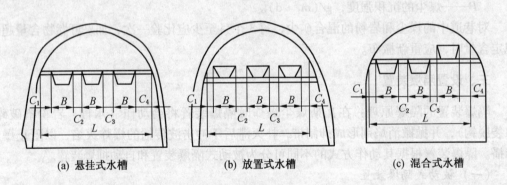

(a) 悬挂式水槽　　　　　　(b) 放置式水槽　　　　　　(c) 混合式水槽

图 4-9　水槽布置方式

自 20 世纪 80 年代以来,我国针对不同用途和使用环境开发了多种隔爆水棚。

(1) PGS 型隔爆水槽棚。PGS 型隔爆水槽棚是由若干个 PGS-40 型或 PGS-60 型隔爆水槽 (采用泡沫塑料制作) 组装而成。当瓦斯煤尘爆炸时水棚应设置在直段巷道内,水棚与巷道交叉口、转弯处的距离必须保持在 50~75 m,与风门的距离必须大于 25 m。水被扬起形成水雾抑制带,扑灭爆炸火焰。其特点是制作简单,质量轻,成本低,运输、使用中不易损坏。既可用于主要隔爆棚组,也可用于辅助隔爆棚组。

(2) KYG 型快速移动式隔爆棚。KYG 型快速移动式隔爆棚主要在综采工作面顺槽和掘进巷道中安设,因安装方便,能随工作面推进而迅速移动,始终把未保护段控制在最小距离。它作为现有固定式安装隔爆水棚的补充措施,适合在需频繁移动的巷道中安装使用，作为辅助隔爆棚组。

KYG 型快速移动式隔爆棚主要由单轨、移动装置、水槽组合棚架和 PGS - 60 型泡沫隔爆水槽组成，单轨和水槽架通过移动装置连接，如图 4 - 10 所示。从巷道横向看，靠巷道两帮的两个水槽纵向嵌入，中间两个水槽横向嵌入。该隔爆棚与不同夹持器配合，可在不同支护方式的巷道中安装。设计有底部放水孔的 PGS - 60 型专用水槽。底部放水孔在移动前可快速放水（单个水槽放水用时仅 40 s），每组隔爆棚移动 1 次约需 2 h。移动时水槽架可收叠，移动时可避开巷道中其他吊挂物（如风筒等）。

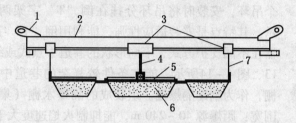

1—单轨吊环；2—单轨；3—移动装置；4—支撑杆；5—水槽架；6—水槽；7—钢丝绳

图 4 - 10 KYG 型快速移动式隔爆棚（1 架）结构示意图（巷道纵向视图）

2）水袋棚

吊挂水袋隔爆是日本最先采用的一种形式独特的隔爆方法。具体做法是把水装在隔爆水袋里。袋子上部两侧有吊挂孔，水袋一个一个横向挂于支架的钩上，沿巷道方向横着挂几排。在爆炸冲击波的作用下，水袋迎着冲击波的那一侧脱钩，水从脱钩侧猛泻出去，呈雾状飞散，从而扑灭爆炸火焰。一般地，水袋的吊挂巷道长度为 15 ~ 25 m，如图 4 - 11 所示。

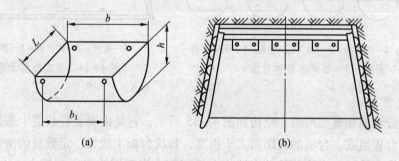

(a)   (b)

图 4 - 11 水袋及水袋棚

水袋棚是一种经济可行的辅助性隔爆设施。

（1）GBSD 型开口吊挂式水袋。GBSD 型开口吊挂式水袋容积分为 30 L、40 L 和 80 L 3 种。

为了保证柔性开口水袋在爆风作用下容易脱钩，水容易全部倾出扩散成水雾，不存在兜水缺点，水袋外形呈圆弧形，通过 4 个金属吊环用挂钩吊挂，吊钩角度为 60° ±5°。水袋棚的用水量按 200 L/m³ 计算。

（2）XGS 型隔爆棚（容器）。已在煤矿大量使用的隔爆水槽棚和隔爆水袋棚，在高度

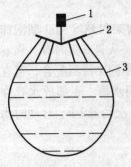

有限的架线机车巷、斜巷和断面不规则巷道内安装不够方便，有的则无法安装；另外，原被动式隔爆棚距爆源的最小距离不能小于60 m。为了解决上述技术难题，又研究成功了 XGS 型隔爆棚。该隔爆棚由若干个 XGS 型隔爆容器组装而成。每个容器吊挂在1个倒"T"字架上，当瓦斯煤尘爆炸时，爆压作用使容器脱钩，容器中的水飞散形成水雾抑制带，扑灭爆炸火焰。

XGS 型隔爆容器采用阻燃聚氯乙烯制作，周边用吊带固定8个吊环，安装时将吊环分挂在倒"T"字架两侧，如图4–12所示。其特点是安装适应性强，能利用倒"T"字架配合不同的夹持器在不同支护方式、不同形状的巷道中点式或线式安装，如图4–13、图4–14所示。能在条件较复杂的巷道中替代现有隔爆水袋棚，作为辅助隔爆棚。组装成的隔爆水棚（集中式）有效保护范围宽：距爆源40～240 m，能抑制火焰速度大于37 m/s的弱爆炸，

1—夹持器；
2—倒"T"字架；
3—隔爆容器

图4–12 XGS 型隔爆容器吊挂示意图

同时也能抑制强爆炸。隔爆容器与隔爆容器、巷道壁、支架间的垂直距离不得小于10 cm，距顶板（梁）的距离不得大于1 m。集中式布置隔爆棚用水量按 200 L/m³ 计算，棚区长度不小于20 m；分散式布置隔爆棚的用水量按 1.2 L/m³ 计算，棚区长度不小于120 m。

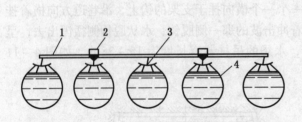

1—支撑杆；2—夹持器；3—倒"T"字架；4—隔爆容器

图4–13 线式安装示意图

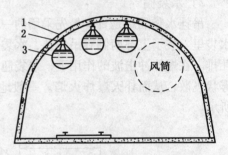

1—锚杆；2—夹持器；3—隔爆器

图4–14 点式安装示意图

2. 岩粉棚

岩粉棚分轻型和重型两类，结构如图4–15所示，它是由安装在巷道中靠近顶板处的若干块岩粉台板组成，台板的间距稍大于板宽，每块台板上放置一定数量的惰性岩粉，当发生煤尘爆炸事故时，火焰前的冲击波将台板震倒，岩粉即弥漫于巷道中，火焰到达时，岩粉从燃烧的煤尘中吸收热量，使火焰传播速度迅速下降，直至熄灭。

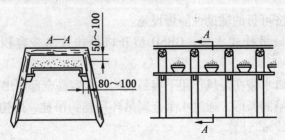

图4–15 岩粉棚结构示意图

岩粉棚的设置应遵守以下规定：

（1）按巷道断面积计算，主要岩粉棚的岩粉量不得少于 400 kg/m²，辅助岩粉棚的岩粉量不得少于 200 kg/m²。

（2）轻型岩粉棚的排间距为 1.0 ~ 2.0 m，重型岩粉棚的排间距为 1.2 ~ 3.0 m。

（3）岩粉棚的平台与侧帮立柱（或侧帮）的空隙不小于 50 mm，岩粉表面与顶梁（顶板）的空隙不小于 100 mm，岩粉板距轨面不小于 1.8 m。

（4）岩粉棚距可能发生煤尘（瓦斯）爆炸的地点不得小于 60 m，也不得大于 300 m。

（5）岩粉板与台板及支撑板之间，严禁用钉固定，以利于煤尘爆炸时岩粉板有效翻落。

（6）岩粉棚上的岩粉每月至少检查和分析一次，当岩粉受潮变硬或可燃物含量超过 20% 时，应立即更换，岩粉量减少时应立即补充。

近年来我国研制出了防潮岩粉棚，但尚未推广应用。

（二）自动隔爆装置

自动抑爆装置是利用传感器探测爆炸信号，将瞬间测量的煤尘爆炸时的各种物理量迅速转换成电信号，指令机构的演算器根据这些信号准确计算出火焰传播速度后选择恰当时机发出动作信号，触发自带的动力源喷洒固体或液体等消焰剂，形成抑制带，从而可靠地扑灭爆炸火焰，防止煤尘爆炸蔓延。自动抑爆装置主要由传感器、控制仪、喷洒器组成。

目前，许多国家正在研究自动隔爆装置，并在有限范围内试验应用。

1. ZYB - S 型自动产气式抑爆装置

ZYB - S 型自动产气式抑爆装置由实时气体发生器、高压缓冲器、抑爆剂存储器、喷射头、控制盒和 ZW - 1 型紫外线火焰传感器组成（ZW - 1 型紫外线火焰传感器能识别爆炸及燃烧火焰光谱，对日光和矿灯照射等不敏感）。当瓦斯或煤尘爆炸或着火时，火焰传感器接收到火焰信号，并传输到抑爆装置控制盒中，控制盒给出触发信号，实时气体发生器快速产生并迅速释放大量气体，高压气体经缓冲器调整后，在抑爆剂存储器中形成粉气混合物，最后经喷射头喷出形成抑爆粉雾，达到扑灭爆炸火焰阻止爆炸传播的目的。其抑爆原理如图 4 - 16 所示。

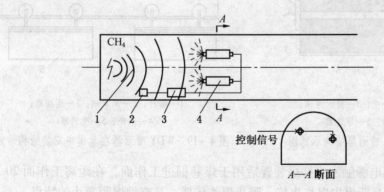

1—火焰阵面；2—火焰传感器；3—控制单元；4—喷洒器
图 4 - 16 ZYB - S 型自动产气式抑爆装置的抑爆原理示意图

该装置适宜安装在掘进机上使用，采用的抑爆装置型号、数量应根据巷道断面确定：

10 m² 及其以上,安装 2 个 ZYB – SⅠ型喷洒器;10 m² 以下,安装 2 个 ZYB – SⅡ型喷洒器。喷洒器安装在掘进机悬臂根部两侧。

2. YBW – Ⅰ型无电源触发式抑爆装置

YBW – Ⅰ型无电源触发式抑爆装置由 HWD – Ⅰ火焰传感器、CQB 传爆器、ST 连接器、WDY 喷洒器与 JC – Ⅰ检测器组成,其组成如图 4 – 17 所示。当 HWD – Ⅰ火焰传感器感受到火焰信号,可将其辐射能转化为电能,触发 CQB 传爆器中的矿用安全电雷管,通过 ST 连接器触发相连的 WDY 喷洒器中的导爆管雷管,形成水雾抑制带,扑灭爆炸火焰,控制爆炸的传播。

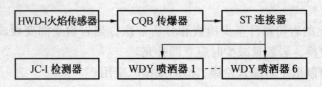

图 4 – 17　YBW – Ⅰ型无电源触发式抑爆装置组成图

YBW – Ⅰ型无电源触发式抑爆装置以水为抑爆剂,采用爆破抛散抑爆剂成雾方式。WDY 喷洒器为柱形结构,如图 4 – 18 所示。柱形阻燃聚氨酯泡沫为储水介质,沿泡沫柱体轴线为导爆索,泡沫柱体外侧被塑料膜密封,并用钢丝网配合角钢加以固定。

采用吸水性能良好的阻燃聚氨酯泡沫可使抑爆剂径向初始分布均匀,使导爆索触发时形成水雾分布状态良好,同时具有较高的喷洒效率;另一方面,阻燃聚氨酯泡沫对导爆索火焰能起到歼灭的作用,使火焰不致外泄。

利用连接器可把移动 WDY 喷洒器所需用的单轨吊固定在掘进巷道顶板支护锚杆或工字梁上,WDY 喷洒器通过滚轮沿单轨吊整体向前移动,随工作面及时推进。其安装结构如图 4 – 19 所示。

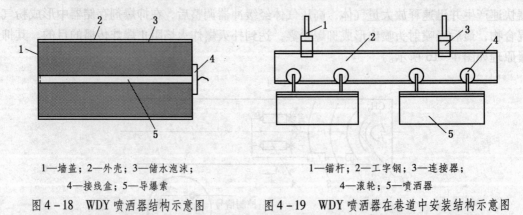

1—墙盖;2—外壳;3—储水泡沫;　　　　　1—锚杆;2—工字钢;3—连接器;
4—接线盒;5—导爆索　　　　　　　　　　4—滚轮;5—喷洒器

图 4 – 18　WDY 喷洒器结构示意图　　　图 4 – 19　WDY 喷洒器在巷道中安装结构示意图

YBW – Ⅰ型无电源触发式抑爆装置适用于煤巷掘进工作面,在距离工作面 20 ~ 45 m 范围内可有效扑灭瓦斯煤尘爆炸火焰,阻止爆炸传播,具有抑爆距离小的特点。

复习思考题

1. 煤尘爆炸事故可分为哪几种类型?

2. 煤尘爆炸的效应有哪些？

3. 煤尘爆炸的条件是什么？影响煤尘爆炸的因素有哪些？

4. 煤尘爆炸指数是什么？

5. 防止煤尘爆炸的技术措施有哪些？

6. 抑制煤尘爆炸范围扩大的措施有哪些？

7. 撒布岩粉抑制煤尘爆炸时对惰性岩粉的要求是什么？

8. 设置水棚应符合哪些基本要求？

9. 设置岩粉棚应符合哪些基本要求？

10. 岩粉棚和水棚的限爆作用原理是什么？

11. 煤尘爆炸与瓦斯爆炸有何异同？

第五章　粉尘的检测

粉尘检测是煤矿防尘日常工作的基本内容。粉尘检测的目的是检查防降尘措施的有效性，评价作业环境粉尘污染程度、煤尘爆炸危险性和作业人员受尘害状况。其中前 3 项基本上属于安全生产方面的内容，后 1 项属于劳动卫生方面的内容。我国相关法规、标准关于作业场所粉尘浓度的规定旨在对作业环境的粉尘污染进行控制，对防降尘措施的效果、粉尘爆炸危险性进行评价、控制；关于作业人员个体呼吸性粉尘接触浓度的规定目的在于评价与控制作业人员的受害情况。因此，我国的粉尘浓度标准、粉尘浓度检测方法侧重于劳动安全、劳动卫生方面。落尘的检测方法、落尘的物质成分控制等（可燃物成分）没有规定，而落尘的物质成分对于煤尘爆炸是很重要的。因此，在未来的标准中希望能增加有关落尘检测与控制方面的内容。

第一节　粉尘浓度控制标准

粉尘浓度控制标准即采取控制措施使粉尘浓度不超标的粉尘浓度值。其表示方法有在作业场所进行的有代表性采样测得的浓度值、个体采样所得的工班内粉尘浓度平均值、个体采样粉尘浓度时间加权平均值等，我国采取前两种表示方法。相对于美国、澳大利亚、英国等国家的粉尘浓度标准，我国关于粉尘浓度的规定内容更多一些。上述国家一般只有呼吸性粉尘接触浓度控制标准或只有作业场所粉尘浓度控制标准，而我国两种标准都有。

一、采样效率曲线

粉尘采样器对粉尘粒度大小的分级性能曲线称为采样器的采样效率曲线。采样效率曲线主要有 BMRC、AEC、ACGIH 曲线 3 种，如图 5－1 所示。BMRC 曲线由英国医学研究会 BMRC 于 1952 年提出，AEC、ACGIH 分别由美国原子能委员会和美国工业委员学会

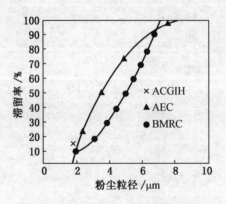

图 5－1　粉尘采样器采样效率曲线

ACGIH 于 20 世纪 50 年代提出。ACGIH 曲线在 AEC 曲线基础上做了适当修改，规定粒径小于或等于 2 μm 的尘粒的吸入百分数为 90%。世界各国广泛采用 BMRC、ACGIH 曲线作为呼吸性粉尘采样器的标准采样效率曲线。

两种曲线对粉尘采样的标准见表 5 - 1 和表 5 - 2。

表 5 - 1　BMRC 曲线呼吸性粉尘采样器采样效率

空气动力学直径/μm	2.2	3.2	3.9	4.5	5.0	5.5	5.9	6.3	6.9	7.1
采样效率/%	90	80	70	60	50	40	30	20	10	0

表 5 - 2　ACGIH 曲线呼吸性粉尘采样器采样效率

空气动力学直径/μm	2.0	2.5	3.5	5.0	10.0
采样效率/%	100	75	50	25	0

要理解采样效率曲线的意义，可以假想一个具有呼吸性粉尘和非呼吸性粉尘分级采样功能的冲击式粉尘采样器。这个假想的冲击式采样器由两级采样装置组成，第一级采样装置以钢片为粉尘载体，采集非呼吸性大颗粒粉尘，第二级采样则以滤膜为粉尘载体采集呼吸性的小颗粒粉尘，如图 5 - 2 所示。当启动抽气泵时，含尘空气按图示方向进入采样器，大颗粒粉尘将因惯性冲击、黏结作用而被擦有黏性油的一级采样装置中的钢片所捕集。钢片上所采集到的非呼吸性粉尘质量占通过采样器总粉尘质量的百分比称为采样器对大颗粒粉尘的截留率，对应采样效率曲线上的坐标点；未被一级采样装置截留、到达二级采样装置而被滤膜采集到的呼吸性粉尘占通过采样器总粉尘质量的百分比称为采样器小颗粒粉尘的透过率。通过一级采样的粉尘量实际上是人体呼吸时吸入肺泡区粉尘量的模拟，即采集到的呼吸性粉尘。应当注意，非呼吸性粉尘不是不能呼入人体呼吸系统，而只是不能进入肺泡区。当然上面所述的模拟与人体呼吸状况是有一定误差的。

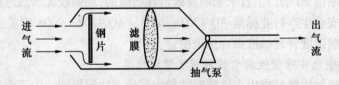

图 5 - 2　分级采样器原理

我国煤矿应用的呼吸性粉尘采样器对粉尘的分级性能要求符合 BMRC 采样效率曲线。

二、空气动力学直径

空气动力学直径是指与被测粒子在静止空气中具有相同终末沉降速度、密度为 1.0 g/m³ 的球的直径。它是粉尘防治技术中应用较多的一种直径，原因是它与粒子在流体中运动的动力特性密切相关。

三、作业场所呼吸性粉尘浓度控制标准

《煤矿安全规程》对作业场所总粉尘浓度的规定见表 1 - 2。

四、作业场所呼吸性粉尘浓度管理标准

作业场所呼吸性粉尘可分为呼吸性岩尘、呼吸性煤尘、水泥粉尘。

呼吸性岩尘是指作业场所空气中符合 BMRC 曲线透过率的岩尘颗粒，其空气动力学直径小于 7.07 μm，且空气动力学直径 5 μm 的岩尘颗粒的采集效率为 50%。

呼吸性煤尘是指作业场所空气中符合 BMRC 曲线透过率的煤尘颗粒，其空气动力学直径小于 7.07 μm，且空气动力学直径 5 μm 的煤尘颗粒的采集效率为 50%。

目前，我国作业场所空气中呼吸性粉尘接触浓度管理标准有国家安全生产行业标准 AQ 4203—2008、AQ 4202—2008、《煤矿安全规程》和《煤矿作业场所职业危害防治规定》。

《煤矿安全规程》对作业场所呼吸性粉尘浓度要求的规定见表 1-2。

《煤矿作业场所职业危害防治规定》中关于煤矿作业场所粉尘接触浓度管理限值判定标准见表 5-3。

表 5-3　煤矿作业场所粉尘接触浓度管理限值判定标准

粉 尘 种 类	游离二氧化硅含量/%	呼吸性粉尘浓度/(mg·m⁻³)
煤尘	≤5	5.0
岩尘	5~10	2.5
	10~30	1.0
	30~50	0.5
	≥50	0.2
水泥尘	<10	1.5

为加强煤矿作业场所粉尘危害防治工作，呼吸性粉尘浓度超过接触浓度管理限值 10 倍以上 20 倍以下且未采取有效治理措施的，比照一般事故进行调查处理；呼吸性粉尘浓度超过接触浓度管理限值 20 倍以上且未采取有效治理措施的，比照较大事故进行调查处理。

下面就国家安全生产行业标准 AQ 4203—2008、AQ 4202—2008 中关于作业场所空气中呼吸性粉尘接触浓度管理标准做详细说明。

1. 作业场所空气中呼吸性岩尘接触浓度管理标准

呼吸性岩尘接触浓度是指由个体呼吸性粉尘采样方法测得的一个工作日的岩尘时间加权平均浓度，计算方法如下：

$$C_{TWA} = C \times \frac{T}{8} \tag{5-1}$$

式中　C_{TWA}——以 8 h 为时间权数计算的呼吸性岩尘时间加权平均浓度，mg/m³；

　　　　C——应用个体采样方法测定的作业人员一个工作日的呼吸性岩尘浓度，mg/m³；

　　　　T——作业人员一个工作日的作业时间，h。

作业场所空气中呼吸性岩尘接触浓度管理标准执行国家安全生产行业标准 AQ 4203—2008。

作业场所空气中呼吸性岩尘接触浓度管理标准限值按岩尘中游离二氧化硅含量不同确定，见表 5-4。

2. 作业场所空气中呼吸性煤尘接触浓度管理标准

表5-4　呼吸性岩尘接触浓度管理标准限值

粉尘中游离二氧化硅含量/%	浓度管理标准/(mg·m⁻³)
~5	5.0
~10	2.5
~30	1.0
~50	0.5
>50	0.2

呼吸性煤尘接触浓度是指由个体呼吸性粉尘采样方法测得的一个工作日的煤尘时间加权平均浓度，计算方法如下：

$$C'_{TWA} = C' \times \frac{T'}{8} \tag{5-2}$$

式中　C'_{TWA}——以8 h为时间权数计算的呼吸性煤尘时间加权平均浓度，mg/m³；

　　　　C'——应用个体采样方法测定的作业人员一个工作日的呼吸性煤尘浓度，mg/m³；

　　　　T'——作业人员一个工作日的作业时间，h。

作业场所空气中呼吸性煤尘接触浓度管理标准执行国家安全生产行业标准 AQ 4202—2008。

作业场所空气中呼吸性煤尘接触浓度管理的限值为5.0 mg/m³。这个限定值仅适用于游离二氧化硅含量小于5%的呼吸性煤尘，当粉尘中游离二氧化硅含量大于5%时，建议使用呼吸性岩尘接触浓度标准，见表5-4。

3. 作业场所空气中水泥粉尘接触浓度管理标准

水泥粉尘的接触浓度管理标准没有规定，参照岩尘标准执行，见表5-4。

第二节　粉尘浓度检测方法与技术

如前所述，我国的粉尘浓度控制标准很多，有作业场所空气中的总粉尘浓度、呼吸性粉尘接触浓度管理标准等。国家或部级标准文件在规定每一种粉尘浓度控制标准的同时都规定有相应的粉尘浓度标准测定方法，有些标准还规定了所用粉尘测定仪器的标准技术条件，这些规定都要求强制执行。

一、粉尘浓度检测方法

1. 作业场所总粉尘浓度测定

作业场所总粉尘浓度检测方法执行国家标准《工作场所空气中粉尘测定　第1部分：总粉尘浓度》（GBZ/T 192.1—2007）。该标准规定了作业场所总粉尘浓度检测的基本方法为滤膜采样法，其原理是在采样点，用符合标准技术条件的采样器抽取一定体积的含尘空气，将粉尘阻留在已知质量的滤膜上，由采样后滤膜的增重和采样空气量求出单位体积空气中的粉尘质量。采样仪器必须符合有关标准技术条件，且必须经过国家技术监督局授权部门检验。粉尘采样器采样时对粒径没有分级要求，但所采集到的粉尘在显微镜下观察，其粒径一般小于30 μm。总粉尘的意义是悬浮于空气当中、可进入人体呼吸道的各种粒度直径的粉尘。

GBZ/T 192.1—2007 中说明了煤矿井下作业粉尘定点采样点和采样位置，介绍如下。

1）采煤作业面的采样点

（1）炮采作业面在钻孔工人运煤工作处设 1 个采样点。

（2）机采、综采作业面、采煤机司机、助手工作处各设 1 个采样点，运煤工作处设 1 个采样点。

（3）顶板作业处设 1 个采样点。

2）掘进作业面的采样点

（1）岩石掘进、半煤岩掘进、煤掘进工作面的凿岩工、运矿工作处设 1 个采样点。

（2）矿车司机工作处设 1 个采样点。

3）采样位置

（1）凿岩工采样位置设在距工作面 3～6 m 的回风侧，运矿作业采样位置设在距工人工作处 3～6 m 的下风侧。

（2）采煤机司机及助手作业采样位置设在距工人操作处 1.5 m 下风侧。

（3）顶板支护工作业处采样位置设在距工人作业点 1.5 m 下风侧。

《煤矿作业场所职业危害防治规定》（2010）中详细规定了煤矿井下粉尘检测采样点的选择和布置，见表 5－5。

表 5－5　粉尘检测采样点的选择和布置

类　别	生 产 工 艺	测尘点布置
回采工作面	采煤机落煤、工作面多工序同时作业	回风侧 10～15 m 处
	司机操作采煤机、液压支架工移架、回柱放顶移刮板输送机、司机操作刨煤机、工作面爆破处	在工人作业的地点
	风镐、手工落煤及人工攉煤、工作面顺槽钻机钻孔、煤电钻打眼、薄煤层刨煤机落煤	在回风侧 3～5 m 处
掘进工作面	掘进机作业、机械装岩、人工装岩、刷帮、挑顶、拉底	距作业地点回风侧 4～5 m 处
	掘进机司机操作掘进机、砌碹、切割联络眼、工作面爆破作业	在工人作业地点
	风钻、煤电钻打眼、打眼与装岩机同时作业	距作业地点 3～5 m 处巷道中部
锚喷	打眼、打锚杆、喷浆、搅拌上料、装卸料	距作业地点回风侧 5～10 m 处
转载点	刮板输送机作业、带式输送机作业、装煤（岩）点及翻罐笼	回风侧 5～10 m 处
	翻罐笼司机和放煤工人作业、人工装卸料	作业人员作业地点
井下其他场所	地质刻槽、维修巷道	作业人员回风侧 3～5 m 处
	材料库、配电室、水泵房、机修硐室等处工人作业	作业人员活动范围内
露天煤矿	钻机穿孔、电铲作业	下风侧 3～5 m 处
	钻机司机操作钻机、电铲司机操作电铲	司机室内
地面作业场所	地面煤仓等处进行生产作业	作业人员活动范围内

2. 作业场所呼吸性粉尘浓度测定

作业场所呼吸性粉尘浓度检测方法执行国家标准《工作场所空气中粉尘测定　第 2 部分：呼吸性粉尘浓度（GBZ/T 192.2—2007）。该标准中规定作业场所呼吸性粉尘浓度的检测方法为滤膜采样法，其原理是在采样点用连接好的呼吸性粉尘采样器，在呼吸带高度采集空气样品（由采样现场的粉尘浓度和采样器的性能等确定），空气中粉尘通过采样器上的预分离器，分离出的呼吸性粉尘颗粒采集在已知质量的滤膜上，由采样后滤膜增量和采气量，计算出空气中呼吸性粉尘的浓度和时间加权平均浓度。

二、浓度检测技术及检测仪器

1. 滤膜法粉尘检测仪的原理

滤膜采样法是检测工作场所总粉尘、呼吸性粉尘浓度的基本方法。采用这种方法的粉尘采样仪器的工作原理如图5-3所示。

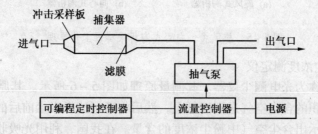

图5-3 滤膜采样器工作原理

2. 淘析器

图5-3中冲击采样板的作用是用惯性冲击原理将非呼吸性粉尘从总粉尘中分离出来，它称为冲击式淘析器。另外，还可以采用平行板式、旋风式、向心式淘析器制成不同类型的呼吸性粉尘采样器。其工作原理分别如图5-4、图5-5所示。

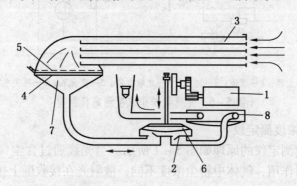

1—微型电机；2—排气阀片；3—淘析器；4—托网；5—滤膜夹；6—气泵；7—滤膜采样头；8—稳流室

图5-4 平行板式淘析采样器工作原理

3. 直读粉尘测定仪器

关于粉尘浓度检测方法的有关法规、标准文件没有规定不得采用直读测尘仪器测定煤矿粉尘，因此直读测尘仪器可以在煤矿采用。但有关标准的确规定了测尘结果须以采样法为基准。由于传感器技术限制，目前世界各国生产的直读测尘仪器均不能使测尘误差小于25%。因此，实际上直读测尘仪在煤矿很难应用。尽管如此，煤矿日常工作中仍然可以使用这种仪器快速取得粉尘浓度参考值。快速准确直读仪器的研究与开发是世界各国业界的研究热点。因此，了解直读测尘仪器的原理和发展趋势仍然是必要的。

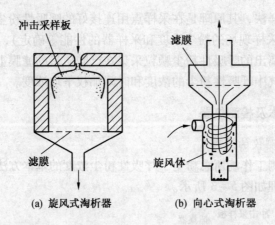

(a) 旋风式淘析器　　　　(b) 向心式淘析器

图 5-5　旋风式、向心式淘析采样器工作原理

1) 光吸收粉尘浓度测定仪

这种测尘仪也称为光电测尘仪器。其测量原理如图 5-6 所示。其原理是利用仪器的薄膜泵抽取一定体积的含尘空气送到滤纸上，然后将通过滤纸吸尘前后的光通量变化转换为电信号输出，指示出含尘空气中粉尘浓度的含量。在我国，利用光吸收原理制成的直读粉尘浓度测定仪有总粉尘和呼吸性粉尘测定仪两种，均用于测定作业场所的粉尘浓度状况。

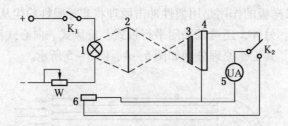

1—光源；2—透镜；3—滤纸；4—光敏电阻；5—电流表；6—可变电阻

图 5-6　光吸收粉尘浓度测定仪原理

2) 光散射粉尘浓度测定仪

光散射粉尘浓度测定仪的原理如图 5-7 所示。当光线通过含尘气体时，粉尘粒子的表面对光线产生散射作用，气体中粉尘浓度不同，散射光在接收屏上按不同角度形成不同

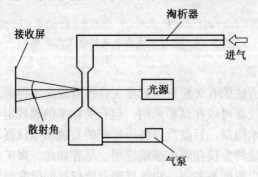

图 5-7　光散射粉尘浓度测定仪原理

的强度分布。根据接收屏上光强分布的不同可测知气体中的粉尘浓度。与光吸收测尘仪类似，光散射测尘仪也只用于测定作业场所的粉尘浓度状况。

第三节 工作场所空气中总粉尘浓度的测定

一、原理

空气中的总粉尘用已知质量的滤膜采集，由滤膜的增重和采气量计算出空气中总粉尘的浓度。

二、仪器

（1）滤膜。过氯乙烯滤膜或其他测尘滤膜。空气中粉尘浓度不大于 50 mg/m³ 时，用直径 37 mm 或 40 mm 的滤膜；粉尘浓度大于 50 mg/m³ 时，用直径 75 mm 的滤膜。

（2）粉尘采样器。包括采样夹和采样器两部分，性能和技术指标应符合 GB/T 17061 的规定。①粉尘采样夹可安装直径 40 mm 和 75 mm 的滤膜，用于定点采样；②小型塑料采样夹可安装直径不大于 37 mm 的滤膜，用于个体采样；③有爆炸性危险的作业场所应使用防爆型采样器。

用于个体采样时，流量范围为 1～5 L/min；用于定点采样时，流量范围为 5～80 L/min。用于长时间采样时，连续运转时间应不少于 8 h。

（3）分析天平。感量 0.1 mg 或 0.01 mg。

（4）干燥器。内装变色硅胶，应不改变粉尘和滤膜的性状。

（5）秒表或其他计时器。计数器分度值为 0.1 s。

（6）滤膜静电消除器。

（7）镊子。

三、样品的采集

1. 滤膜的准备

（1）干燥。称量前，将滤膜置于干燥器内 2 h 以上。

（2）称量。用镊子取下滤膜的衬纸，将滤膜通过除静电器，除去滤膜的静电，在分析天平上准确称量，记录滤膜的质量 m_1。在衬纸和记录表上记录滤膜的质量和编号。将滤膜和衬纸放入相应容器中备用，或将滤膜直接安装在采样夹上。

（3）安装。滤膜毛面应朝进气方向，滤膜放置应平整，不能有裂隙或褶皱。用直径 75 mm 的滤膜时，做成漏斗状装入采样夹。

2. 采样

现场采样按照 GBZ 159—2004 执行，并参照 GBZ/T 192.1—2007。

1）定点采样

根据粉尘检测的目的和要求，可以采用短时间采样或长时间采样。

（1）短时间采样。在采样点，将装好滤膜的粉尘采样夹，在呼吸带高度以 15～40 L/min 的流量采集 15 min 空气样品。

（2）长时间采样。在采样点，将装好滤膜的粉尘采样夹，在呼吸带高度以 1 ~ 5 L/min的流量采集 1 ~ 8 h 空气样品（由采样现场的粉尘浓度和采样器的性能等确定）。

2）个体采样

将装好滤膜的小型塑料采样夹佩戴在采样对象的前胸上部，进气口尽量接近呼吸带，以 1 ~ 5 L/min 的流量采集 1 ~ 8 h 空气样品（由采样现场的粉尘浓度和采样器的性能等确定）。

3）滤膜上总粉尘的增量（Δm）要求

无论定点采样还是个体采样，都要根据现场空气中粉尘的浓度、使用采样夹的大小和采样流量及采样时间，估算滤膜上总粉尘增量 Δm。滤膜粉尘增量 Δm 的要求与称量使用的分析天平感量和采样使用的测尘滤膜直径有关。采样时要通过调节采样流量和采样时间，控制滤膜粉尘 Δm 在表 5 - 6 要求的范围内。否则，有可能因过载造成粉尘脱落。采样过程中，若有过载可能，应及时更换采样夹。

表 5 - 6　滤膜总粉尘的增量要求

分析天平感量/mg	滤膜直径/mm	Δm 的要求/mg
0.1	≤37	$1 \leqslant \Delta m \leqslant 5$
	40	$1 \leqslant \Delta m \leqslant 10$
	75	$\Delta m \geqslant 1$，最大增量不限
0.01	≤37	$0.1 \leqslant \Delta m \leqslant 5$
	40	$0.1 \leqslant \Delta m \leqslant 10$
	75	$\Delta m \geqslant 0.1$，最大增量不限

四、样品的运输和保存

采样后，取出滤膜，将滤膜的接尘面朝里对折两次，装入对应的样品塑料夹内，再置于清洁容器内运输和保存；或将滤膜夹取下，放入原来的滤膜盒中。运输和保存过程中应防止粉尘脱落或污染。

五、样品的称重

称量前，将采样后的滤膜置于干燥器内 2 h 以上，除静电后，在分析天平上准确称量，记录滤膜和粉尘的质量 m_2。

六、结果计算

（1）空气中总粉尘的浓度按下式进行计算：

$$C = \frac{m_2 - m_1}{Vt} \times 1000 \qquad (5-3)$$

式中　　C——空气中总粉尘的浓度，mg/m³；

　　　　m_2——采样后滤膜质量，mg；

　　　　m_1——采样前滤膜质量，mg；

　　　　V——采样流量，L/min；

t——采样时间，min。

（2）空气中总粉尘的时间加权平均浓度按 GBZ 159—2004 的规定计算。

七、说明

（1）本法的最低检出浓度为 0.2 mg/m³（以感量 0.01 mg 天平，采集 500 L 空气样品计）。

（2）适用的空气中粉尘浓度范围与使用的分析天平感量和采样流量及采样时间有关，表 5-7 为本法在个体采样条件下适用的空气中粉尘浓度的参考范围。

表5-7 空气中粉尘浓度的参考范围

分析天平感量/mg	采样流量/(L·min⁻¹)	采样时间/min	空气中粉尘浓度范围/(mg·m⁻³)
0.01	2	480	0.1~5.2
	3.5	480	0.06~3
0.1	2	480	1.0~5.2
	3.5	480	0.6~3

（3）当过氯乙烯滤膜不适用时（如在高温情况下采样），可用超细玻璃纤维滤纸。

（4）采样前后，滤膜称量应使用同一台分析天平。

（5）测尘滤膜常带有静电，影响称重的准确性，因此应在每次称重前除去静电。

八、粉尘 TWA 浓度（时间加权平均浓度）测定示例

1. 个体采样法示例

某锅炉车间选择 2 名采样对象（接尘时间最长和接尘浓度最高者）佩戴个体采样器，连续采样一个工作班（8 h），采样流量为 3.5 L/min，滤膜增重分别为 2.2 mg 和 2.3 mg。按式（5-3）计算：

$$C_{TWA1} = 2.2 \div (3.5 \times 480) \times 1000 = 1.31 \text{ mg/m}^3$$
$$C_{TWA2} = 2.3 \div (3.5 \times 480) \times 1000 = 1.37 \text{ mg/m}^3$$

2. 定点采样法示例

（1）接尘时间 8 h 计算示例。某锅炉车间在工人经常停留的作业地点选 5 个采样点，5 个采样点的粉尘浓度及工人在该处的接尘时间测定结果见表 5-8。

表5-8 车间采样点粉尘浓度及工人接尘时间测定结果（1）

作业区域	工作点平均浓度/(mg·m⁻³)	接尘时间/h
煤场	0.34	2
进煤口	4.02	0.8
电控室	0.69	4.5
出渣口	2.65	0.3
清扫处	7.74	0.4

计算 8 hTWA 浓度：

$$C_{TWA} = (0.34 \times 2.0 + 4.02 \times 0.8 + 0.69 \times 4.5 + 2.65 \times 0.3 + 7.74 \times 0.4)/8 = 1.36 \text{ mg/m}^3$$

（2）接尘时间不足 8 h 计算示例。某工厂工人间断接触粉尘，总的接尘时间不足 8 h，工作地点的粉尘浓度及接尘时间测定结果见表 5-9。

表 5-9　车间采样点粉尘浓度及工人接尘时间测定结果（2）

工 作 时 间	工作点平均浓度/（mg·m⁻³）	接尘时间/h
08：30—10：30	2.5	2
10：30—12：30	5.3	2
13：30—15：30	1.8	2

计算 TWA 浓度：

$$C_{TWA} = (2.5 \times 2.0 + 5.3 \times 2.0 + 1.8 \times 2.0)/8 = 2.4 \text{ mg/m}^3$$

（3）接尘时间超过 8 h 计算示例。某工厂工人在一个工作班内接尘工作 6 h，加班工作中接尘 3 h，总接尘时间为 9 h，接尘时间和工作地点粉尘浓度见表 5-10。

表 5-10　车间采样点粉尘浓度及工人接尘时间测定结果（3）

时　间	工作任务	工作点平均浓度/（mg·m⁻³）	接尘时间/h
08：15—10：30	任务 1	5.3	2.25
11：00—13：00	任务 2	4.7	2
14：00—15：45	整理	1.6	1.75
16：00—19：00	加班	5.7	3

计算 TWA 浓度：

$$C_{TWA} = (5.3 \times 2.25 + 4.7 \times 2.0 + 1.6 \times 1.75 + 5.7 \times 3.0)/8 = 5.2 \text{ mg/m}^3$$

第四节　工作场所空气中呼吸性粉尘浓度的测定

一、原理

空气中粉尘通过采样器上的预分离器，分离出的呼吸性粉尘颗粒采集在已知质量的滤膜上，由采样后的滤膜增重和采气量，计算出空气中呼吸性粉尘的浓度。

二、仪器

（1）滤膜。过氯乙烯滤膜或其他测尘滤膜。

（2）呼吸性粉尘采样器。主要包括预分离器和采样器。①预分离器对粉尘粒子的分离性能应符合呼吸性粉尘采样器的要求，采集的粉尘的空气动力学直径应在 7.07 μm 以下，且空气动力学直径 5 μm 的粉尘粒子的采集效率应为 50%；②采样器性能和技术指标应符合 GB/T 17061 的规定。有爆炸性危险的作业场所应使用防爆型采样器。

（3）分析天平。感量 0.01 mg。

（4）干燥器。内装变色硅胶。

（5）秒表或其他计时器。计数器分度值为 0.1 s。

（6）滤膜静电消除器。

（7）镊子。

三、样品的采集

1. 滤膜的准备

（1）干燥。称量前，将滤膜置于干燥器内 2 h 以上。

（2）称量。用镊子取下滤膜的衬纸，除去滤膜的静电；在分析天平上准确称量。在衬纸和记录表上记录滤膜的质量 m_1 和编号；将滤膜和衬纸放入相应容器中备用，或将滤膜直接安装在预分离器内。

（3）安装。滤膜毛面应朝进气方向，滤膜放置应平整，不能有裂隙或褶皱。

2. 预分离器的准备

按照所使用的预分离器的要求，做好准备和安装。

3. 采样

现场采样按照 GBZ 159—2004 执行，并参照 GBZ/T 192.1—2007。

1）定点采样

根据粉尘检测的目的和要求，可以采用短时间采样或长时间采样。

（1）短时间采样。在采样点，将连接好的呼吸性粉尘采样器，在呼吸带高度以预分离器要求的流量采集 15 min 空气样品。

（2）长时间采样。在采样点，将连接好的呼吸性粉尘采样器，在呼吸带高度以预分离器要求的流量采集 1~8 h 空气样品（由采样现场的粉尘浓度和采样器的性能等确定）。

2）个体采样

将连接好的呼吸性粉尘采样器，佩戴在采样对象的前胸上部，进气口尽量接近呼吸带，以预分离器要求的流量采集 1~8 h 空气样品（由采样现场的粉尘浓度和采样器的性能等确定）。

3）滤膜上粉尘的增量（Δm）要求

无论定点采样或个体采样，要根据现场空气中粉尘的浓度、使用采样夹的大小和采样流量及采样时间，估算滤膜上 Δm。采样时要通过调节采样时间，控制滤膜粉尘 Δm 数值在 0.1~5 mg 的要求。否则，有可能因过载造成粉尘脱落。采样过程中，若有过载可能，应及时更换呼吸性粉尘采样器。

四、样品的运输和保存

采样后，从预分离器中取出滤膜，将滤膜的接尘面朝里对折两次，置于清洁容器内运输和保存。运输和保存过程中应防止粉尘脱落或污染。

五、样品的称重

称量前，将采样后的滤膜置于干燥器内 2 h 以上，除静电后，在分析天平上准确称量，记录滤膜和粉尘的质量（m_2）。

六、结果计算

（1）空气中呼吸性粉尘的浓度按下式进行计算：

$$C' = \frac{m_2 - m_1}{Vt} \times 1000 \qquad (5-4)$$

式中　C'——空气中呼吸性粉尘的浓度，mg/m^3；

m_2——采样后滤膜质量，mg；

m_1——采样前滤膜质量，mg；

V——采样流量，L/min；

t——采样时间，min。

（2）空气中呼吸性粉尘的时间加权平均浓度按 GBZ 159—2004 的规定计算。

七、说明

（1）本法的最低检出浓度为 $0.2\ mg/m^3$（以感量 0.01 mg 天平，采集 500 L 空气样品计）。

（2）采样前后，滤膜称重应使用同一台分析天平。

（3）滤膜常带有静电，影响称重的准确性，因此应在每次称重前除去静电。

（4）要按照所使用的呼吸性粉尘采样器的要求，正确使用滤膜和采样流量及粉尘增量，不能任意改变采样流量。

第五节　游离二氧化硅含量测定

粉尘中游离二氧化硅含量对尘（硅）肺病的发生发展起重要作用。我国煤矿粉尘浓度控制标准按粉尘中游离二氧化硅含量进行分级。因此，必须准确测量粉尘中游离二氧化硅的含量。目前，粉尘中游离二氧化硅含量的测量方法有焦磷酸质量法、红外分光光度法和 X 线衍射法。

一般认为，焦磷酸质量法是一种基本方法，应用其他方法测量时应以此法为基准。这种方法所需的器材廉价易得，但操作过程烦琐，测量准确度受人为影响大。红外分光光度法、X 线衍射法需要光度计和衍射仪，虽然测量准确度较高，但一般矿山企业难以进行。

一、焦磷酸质量法

1. 原理

粉尘中的硅酸盐及金属氧化物能溶于加热到 245 ~ 250 ℃ 的焦磷酸中，而游离二氧化硅几乎不溶，从而实现分离。称量分离出的游离二氧化硅的质量，计算其在粉尘中的百分含量。

2. 仪器

（1）采样器。

（2）恒温干燥箱。

（3）干燥器。内盛变色硅胶。

（4）分析天平。感量 0.1 mg。

（5）锥形瓶。50 mL。

（6）可调电炉。

（7）高温电炉。

（8）瓷坩埚或铂坩埚。25 mL，带盖。

（9）坩埚钳或铂尖坩埚钳。

（10）玛瑙研钵。

（11）慢速定量滤纸。

（12）玻璃漏斗及其架子。

（13）温度计。0～360 ℃。

3. 试剂

试验用试剂为分析纯。

（1）焦磷酸：将 85% 的磷酸加热到沸腾，至 250 ℃ 不冒泡为止，放冷，贮存于试剂瓶中。

（2）氢氟酸：40%。

（3）硝酸铵：结晶。

（4）盐酸溶液：0.1 mol/L。

4. 样品的采集

现场样品采集按照 GBZ 159—2004 执行。

本法需要的粉尘样品量一般应大于 0.1 g，可用直径 75 mm 滤膜大流量采集空气中的粉尘，也可在采样点采集呼吸带高度的新鲜沉降量，并记录采样方法和样品来源。

5. 测定步骤

（1）将采集的粉尘样品放在（105±3）℃ 的烘箱内干燥 2 h，稍冷，贮存于干燥器备用。如果粉尘粒子较大，需要玛瑙研钵研磨至手捻有滑感为止。

（2）准确称取 0.1000～0.2000 g（m）粉尘样品于 25 mL 锥形瓶中，加入 15 mL 焦磷酸摇动，使样品全部湿润。将锥形瓶放在可调电炉上，迅速加热到 245～250 ℃，同时用带有温度计的玻璃棒不断搅拌，保持 15 min。

（3）若粉尘样品含有煤、其他碳素及有机物，应放在瓷坩埚或铂坩埚中，在 800～900 ℃ 下灰化 30 min 以上，使碳及有机物完全灰化。取出冷却后，将残渣用焦磷酸洗入锥形瓶中。若含有硫化矿物（如黄铁矿、黄铜矿、辉铜矿等），应加数毫克结晶硝酸铵于锥形瓶中，再按照步骤（2）加焦磷酸加热处理。

（4）取下锥形瓶，在室温下冷却至 40～50 ℃，加 50～80 ℃ 的蒸馏水约至 40～45 mL，一边加蒸馏水一边搅拌均匀。将锥形瓶中内容物小心转移入烧杯，并用热蒸馏水冲洗温度计、玻璃棒和锥形瓶，洗液倒入烧杯中，加蒸馏水约至 150～200 mL。取慢速定量滤纸折叠成漏斗状，放于漏斗中并用蒸馏水湿润。将烧杯放在电炉上煮沸内容物，稍静置，待混悬物略沉降，趁热过滤，滤液不超过滤纸的 2/3 处。过滤后，用 0.1 mol/L 盐酸溶液洗涤烧杯，移入漏斗中，并将滤纸上的沉渣冲洗 3～5 次，再用蒸馏水洗至无盐酸反应为止（用 pH 试纸试验）。如用铂坩埚时，要洗至无磷酸根反应后再洗 3 次。上述过程应在当天完成。

（5）将有沉渣的滤纸折叠数次，放入已称至恒量（m_1）的瓷坩埚中，在电炉上干燥、炭化；炭化时要加盖并留一小缝。然后放入高温电炉内，在 800～900 ℃下灰化 30 min；取出，室温下稍冷后，放入干燥器中冷却 1 h，在分析天平上称至恒量（m_2），并记录。

（6）结果计算。粉尘中游离二氧化硅的含量按下式进行计算：

$$W = \frac{m_2 - m_1}{m} \times 100\%　\qquad (5-5)$$

式中　W——粉尘中游离二氧化硅含量,%；

　　　m_1——坩埚质量，g；

　　　m_2——坩埚加游离二氧化硅质量，g；

　　　m——粉尘样品质量，g。

（7）焦磷酸难溶物质的处理。若粉尘中含有焦磷酸难溶物质时（如磷化硅、绿柱石、电气石、黄玉等），需用氢氟酸在铂坩埚中处理。方法如下：

将带有沉渣的滤纸放入铂坩埚内，按步骤（5）灼烧至恒量（m_2），然后加入数滴 9 mol/L 硫酸溶液，使沉渣全部湿润，在通风柜内加入 5～10 mL 的 40% 氢氟酸，稍加热，使沉渣中游离二氧化硅溶解，继续加热至不冒白烟为止（要防止沸腾）。再于 900 ℃下灼烧，称至恒量（m_3）。氢氟酸处理后粉尘中游离二氧化硅含量按下式计算：

$$W = \frac{m_2 - m_3}{m} \times 100\%　\qquad (5-6)$$

式中　W——粉尘中游离二氧化硅含量,%；

　　　m_2——氢氟酸处理前坩埚加游离二氧化硅和焦磷酸难溶物质的质量，g；

　　　m_3——氢氟酸处理后坩埚加焦磷酸难溶物质的质量，g；

　　　m——粉尘样品质量，g。

6. 说明

（1）焦磷酸溶解硅酸盐时温度不得超过 250 ℃，否则容易形成胶状物。

（2）酸与水混合时应缓慢并充分搅拌，避免形成胶状物。

（3）样品中含有碳酸盐时，遇酸产生气泡，宜缓慢加热，以免样品溅失。

（4）用氢氟酸处理时，必须在通风柜内操作，注意防止污染皮肤和吸入氢氟酸蒸汽。

（5）用铂坩埚处理样品时，过滤沉渣必须洗至无磷酸根反应，否则会损坏铂坩埚。

二、红外分光光度法

1. 原理

α - 石英在红外光谱中于波长 12.5 μm（800 cm^{-1}）、12.8 μm（780 cm^{-1}）及 14.4 μm（694 cm^{-1}）处出现特异性强的吸收带，在一定范围内，其吸光度值与 α - 石英质量成线性关系。通过测量吸光度进行定量测定。

2. 仪器

（1）瓷坩埚和坩埚钳。

（2）箱式电阻炉或低温灰化炉。

（3）分析天平：感量为 0.01 mg。

（4）干燥箱及干燥器。

（5）玛瑙乳钵。

（6）压片机及锭片模具。

（7）200 目粉尘筛。

（8）红外分光光度计。以 X 轴横坐标记录 900~600 cm^{-1} 的谱图，在 900 cm^{-1} 处校正零点和 100%，以 Y 轴纵坐标表示吸光度。

3. 试剂

（1）溴化钾：优级纯或光谱纯，过 200 目筛后，用湿式法研磨，于 150 ℃ 干燥后，贮于干燥器中备用。

（2）无水乙醇：分析纯。

（3）标准 α - 石英粉尘：纯度在 99% 以上，粒度小于 5 μm。

4. 样品的采集

现场样品采集按照 GBZ 159—2004 执行，总粉尘的采样方法按 GBZ/T 192.1—2007 执行，呼吸性粉尘的采样方法按 GBZ/T 192.2—2007 执行。滤膜上采集的粉尘量大于 0.1 mg 时，可直接用于本法测定游离二氧化硅含量。

5. 测定

（1）样品处理。准确称量采样后滤膜上粉尘的质量（m）。然后放在瓷坩埚内，置于低温灰化炉或电阻炉（低于 600 ℃）内灰化，冷却后，放入干燥器内待用。称取 250 mg 溴化钾和灰化后的粉尘样品一起放入玛瑙乳钵中研磨混匀后，连同压片模具一起放入 (110±5)℃ 的干燥箱中 10 min。将干燥后的混合样品置于压片模具中，加压 25 MPa，持续 3 min，制备出的锭片作为测定压片。同时，取空白滤膜一张，同上处理，制成空白锭片样品。

（2）石英标准曲线的绘制。精确称取不同质量（0.01~1.00 mg）的标准 α - 石英粉尘，分别加入 250 mg 溴化钾，置于玛瑙乳钵中充分研磨均匀，同样品处理，制成标准系列锭片。将标准系列锭片置于样品室光路中进行扫描，分别以 800 cm^{-1}、780 cm^{-1} 和 694 cm^{-1} 这 3 处的吸光度值为纵坐标，以石英质量为横坐标，绘制 3 条不同波长的 α - 石英标准曲线，并求出标准曲线的回归方程式。在无干扰的情况下，一般选用 800 cm^{-1} 标准曲线进行定量分析。

（3）样品测定。分别将锭片样品与空白锭片样品置于样品室光路中进行扫描，记录 800 cm^{-1}（或 694 cm^{-1}）处的吸光度值，重复扫描测定 3 次，测定样品的吸光度均值减去样品空白的吸光度均值后，由 α - 石英标准曲线得到样品中游离二氧化硅的质量。

（4）计算结果。粉尘中游离二氧化硅的含量按下式计算。

$$W = \frac{m_1}{m} \times 100\% \qquad (5-7)$$

式中　W——粉尘中游离二氧化硅（α - 石英）含量,%；

　　　m_1——测得的粉尘样品中游离二氧化硅（α - 石英）的质量，mg；

　　　m——粉尘样品质量，mg。

6. 说明

（1）本法的 α - 石英检出量为 0.01 mg；相对标准差（RSD）为 0.64%~1.41%。平均回收率为 96.0%~99.8%。

（2）粉尘粒度大小对测定结果有一定影响，因此，样品和制作标准曲线的石英粉尘应充分研磨，使其粒度小于 5 μm 者占 95% 以上，方可进行分析测定。

（3）灰化温度对煤尘样品定量结果有一定影响，若煤尘样品中含有大量高岭土成分，在高于 600 ℃ 灰化时发生分解，于 800 cm^{-1} 附近产生干扰，灰化温度小于 600 ℃ 时，可消除此干扰带。

（4）在粉尘中若含有黏土、云母、闪石、长石等成分时，可在 800 cm^{-1} 附近产生干扰，则可用 694 cm^{-1} 的标准曲线进行定量分析。

（5）为降低测量的随机误差，实验室温度应控制在 18 ～ 24 ℃，相对湿度小于 50% 为宜。

（6）制备石英标准曲线样品的分析条件应与被测样品的条件完全一致，以减少误差。

三、X 线衍射法

1. 原理

当 X 线照射游离二氧化硅结晶时，将产生 X 线衍射；在一定的条件下，衍射线的强度与被照射的游离二氧化硅的质量成正比。利用测量衍射线强度，对粉尘中游离二氧化硅进行定性和定量测定。

2. 仪器

（1）测尘滤膜。

（2）粉尘采样器。

（3）滤膜切取器。

（4）样品板。

（5）分析天平：感量为 0.01 mg。

（6）镊子、直尺、秒表、圆规等。

（7）玛瑙乳钵或玛瑙球磨机。

（8）X 线衍射仪。

3. 试剂

试验用水为双蒸馏水。

（1）盐酸溶液：600 mol/L。

（2）氢氧化钠溶液：100 g/L。

4. 样品的采集

根据测定目的，现场样品采集按照 GBZ 159—2004 执行，总粉尘的采样方法按 GBZ/T 192.1—2007 执行，呼吸性粉尘的采样方法按 GBZ/T 192.2—2007 执行。滤膜上采集的粉尘量大于 0.1 mg 时，可直接用于本法测定游离二氧化硅含量。

5. 测定步骤

1）样品处理

准确称量采样后滤膜上粉尘的质量（m）。按旋转样架尺度将滤膜剪成待测样品（4～6 个）。

2）标准曲线

（1）标准 α-石英粉尘制备。将高纯度的 α-石英晶体粉碎后，首先用盐酸溶液浸泡

2 h，除去铁等杂质，再用水洗净烘干。然后用玛瑙乳钵或玛瑙球磨机研磨，磨至粒度小于 10 μm 后，于氢氧化钠溶液中浸泡 4 h，以除去石英表面的非晶形物质，用水充分冲洗，直到洗液呈中性（pH=7），干燥备用。或用符合本条要求的市售标准 α-石英粉尘制备。

（2）标准曲线的制作。将标准 α-石英粉尘在发尘室中发尘，用与工作场所采样相同的方法，将标准石英粉尘采集在已知质量的滤膜上，采集量控制在 0.5～4.0 mg，在此范围内分别采集 5～6 个不同质量点，采尘后的滤膜称量后记下增量值，然后从每张滤膜上取 5 个标样，标样大小与旋转样台尺寸一致。在测定 α-石英粉尘标样之前，首先测定标准硅在（111）面网上的衍射强度（CPS）。然后分别测定每个标样的衍射强度（CPS）。计算每个点 5 个 α-石英粉尘样的算术平均值，以衍射强度（CPS）均值对石英质量绘制标准曲线。

3）样品测定

（1）定性分析。在进行物相定量分析之前，首先对采集的样品进行定性分析，以确认样品中是否有 α-石英存在。仪器操作参考条件如下：

靶	CuKα
管电压	30 kV
管电流	40 mA
量程	4000 CPS
时间常数	1 s
扫描速度	2°/min
记录纸速度	2 cm/min
发散狭缝	1°
接收狭缝	0.3 mm
角度测量范围	$10° \leqslant 2\theta \leqslant 60°$

物相鉴定：将待测样品置于 X 线衍射仪的样架上进行测定，将其衍射图谱与"粉末衍射标准联合委员会（JCPDS）"卡片中的 α-石英图谱相比较，当其衍射图谱与 α-石英图谱相一致时，表明粉尘中有 α-石英存在。

（2）定量分析。X 线衍射仪的测定条件与制作标准曲线的条件完全一致。首先测定样品（101）面网的衍射强度，再测定标准硅（111）面网的衍射强度，测定结果按下式进行计算：

$$I_B = I_i \times \frac{I_s}{I} \qquad (5-8)$$

式中　I_B——粉尘中石英的衍射强度；

　　I_i——采尘滤膜上石英的衍射强度；

　　I_s——在制定石英标准曲线时，标准硅（111）面网的衍射强度；

　　I——在测定采尘滤膜上石英的衍射强度时，测得的标准硅（111）面网衍射强度。

如仪器配件没有配标准硅，可使用标准石英（101）面网的衍射强度表示 I 值。

由计算得到的 I_B 值，从标准曲线查出滤膜上粉尘中 α-石英的质量。

4）结果计算

粉尘中游离二氧化硅（α-石英）含量按下式计算：

$$W = \frac{m_1}{m} \times 100\%$$
(5-9)

式中　W——粉尘中游离二氧化硅（α-石英）含量，%；

　　　m_1——滤膜上粉尘中游离二氧化硅（α-石英）的质量，mg；

　　　m——粉尘样品质量，mg。

6. 说明

（1）本法测定的粉尘中游离二氧化硅系指α-石英，其检出限受仪器性能和被测物的结晶状态影响较大；一般 X 线衍射仪中，当滤膜采尘量在 0.5 mg 时，α-石英含量的检出限可达 1%。

（2）粉尘粒径大小影响衍射线的强度，粒径在 10 μm 以上时，衍射强度减弱；因此制作标准曲线的粉尘粒径应与被测粉尘的粒径相一致。

（3）单位面积上粉尘质量不同，石英的 X 线衍射强度有很大差异。因此滤膜上采尘量一般控制在 2～5 mg 范围内为宜。

（4）当有与α-石英衍射线相干扰的物质或影响α-石英衍射强度的物质存在时，应根据实际情况进行校正。

第六节　粉尘的分散度测定

煤矿粉尘的分散度是各种粒度范围内的粉尘数量、质量或体积占粉尘总量的百分比。分散度对煤矿工人尘肺病的发生和发展也有很重要作用，因此必须重视粉尘的分散度测定。粉尘分散度的测量方法有两种：一种为滤膜溶解涂片法，另一种是自然沉降法。与测量游离二氧化硅含量相比，粉尘分散度测量的操作方法相对简单。

一、滤膜溶解涂片法

1. 原理

将采集有粉尘的过氯乙烯滤膜溶于有机溶剂中，形成粉尘颗粒的混悬液，制成标本在显微镜下测量和计数粉尘的大小及数量，计算不同大小粉尘颗粒的百分比。

2. 仪器

（1）瓷坩埚或烧杯：25 mL。

（2）载物玻片：75 mm×25 mm×1 mm。

（3）显微镜。

（4）目镜测微尺。

（5）物镜测微尺：是一标准尺度，其总长为 1 mm，分为 100 等分刻度，每一分度值为 0.01 mm，即 10 μm，如图 5-8 所示。

使用前，所有仪器应擦洗干净。

3. 试剂

乙酸丁酯：化学纯。

4. 测定

（1）将采集有粉尘的过氯乙烯滤膜放入瓷坩埚或烧杯中，用吸管加入 1～2 mL 乙酸

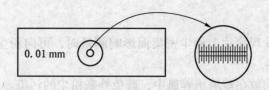

图 5-8 物镜测微尺

丁酯，用玻璃棒充分搅拌，制成均匀的粉尘混悬液。立即用滴管吸取 1 滴，滴于载物片上；用另一载物片呈45°角推片，待乙酸丁酯自然挥发，制成粉尘（透明）标本，贴上标签，注明样品标志。

（2）目镜测微尺的标定。将待标定目镜测微尺放入目镜筒内，物镜测微尺置于载物台上，先在低倍镜下找到物镜测微尺的刻度线，移至视野中央，然后换成 400～600 放大倍率，调至刻度线清晰，移动载物台，使物镜测微尺的任一刻度与目镜测微尺的任一刻度相重合，如图 5-9 所示。然后找出两种测微尺另外一条重合的刻度线，分别数出两种测微尺重合部分的刻度数，按下式计算出目镜测微尺刻度的间距：

$$D = \frac{a}{b} \times 10 \qquad (5-10)$$

式中　D——目镜测微尺刻度的间距，μm；

　　　a——物镜测微尺刻度；

　　　b——目镜测微尺刻度；

　　　10——物镜测微尺每刻度间距，μm。

（3）分散度的测定。取下物镜测微尺，将粉尘标本放在载物台上，先用低倍镜找到粉尘颗粒，然后在标定目镜测微尺所用的放大倍率下观察，用目镜测微尺随机地依次测定每个粉尘颗粒的大小，遇长径量长径，遇短径量短径。至少测量 200 个尘粒，如图 5-10 所示。按表 5-11 分组记录，算出百分数。

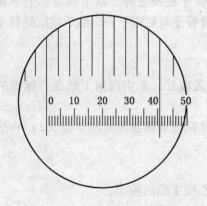

图 5-9　目镜测微尺的标定

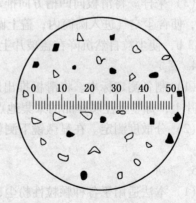

图 5-10　粉尘分散度的测量

表 5-11　粉尘分散度测量记录表

粒径/μm	<2	2~	5~	≥10
尘粒数/个				
百分数/%				

5. 说明

（1）镜检时，如发现涂片上粉尘密集而影响测量时，可向粉尘混悬液中再加乙酸丁酯稀释，重新制备标本。

（2）制好的标本应放在玻璃培养皿中，避免外来粉尘的污染。

（3）本法不能测定可溶于乙酸丁酯的粉尘（可用自然沉降法）和纤维状粉尘。

二、自然沉降法

1. 原理

将含尘空气采集在沉降器内，粉尘自然沉降在盖玻片上，在显微镜下测量和计数粉尘的大小及数量，计算不同大小粉尘颗粒的百分比。对可溶于乙酸丁酯的粉尘选用本法。

2. 仪器

（1）格林沉降器。

（2）盖玻片：18 mm×18 mm。

（3）载物玻片：75 mm×25 mm×1 mm。

（4）显微镜。

（5）目镜测微尺。

（6）物镜测微尺。

3. 样品采集

（1）采样前的准备。清洗沉降器，将盖玻片用洗涤液清洗，用水冲洗干净后，再用95% 乙醇擦洗干净，采样前将盖玻片放在沉降器底座的凹槽内，推动滑板至与底座平齐，盖上圆筒盖。

（2）采样点的选择按照 GBZ 159—2004 执行，可从总粉尘浓度测定的采样点中选择有代表性的采样点。

（3）采样。将滑板向凹槽方向推动，直至圆筒位于底座之外，取下筒盖，上下移动几次，使尘空气进入圆筒内；盖上圆筒盖，推动滑板至与底座平齐。然后将沉降器水平静止 3 h，使尘粒自然沉降在盖玻片上。

4. 测定

（1）制备测定标本。将滑板推出底座外，取出盖玻片，采尘面向下贴在有标签的载物玻片上，标签上注明样品的采集地点和时间。

（2）分散度测定。在显微镜下测量和计算，操作同滤膜溶解涂片法步骤（2）和步骤（3）。

5. 说明

（1）本法适用于各种颗粒性粉尘，包括能溶于乙酸丁酯的粉尘。

（2）使用的盖玻片和载物玻片均应无尘粒。

（3）沉降时间不能小于 3 h。

三、激光粒度分析仪测定粉尘分散度

激光粒度分析仪由激光光源、粉尘分散器、透镜、光强检测器组成，如图 5 - 11 所示。由激光器（He - Ne 激光器）发出的激光通过光过滤器和透镜变换使激光束形成适于测定用的激光束，光束通过粉尘粒子分散器内盛的含尘液体悬浮液时，与大小不同的粒子发生相互作用而改变光束形状。由于激光散射角和粉尘粒子大小成反比，在光强检测器上可形成不同的光强分布，仪器据此可自动计算出粉尘粒子的粒度分布。新型激光粒度分析仪以麦氏（Mie）理论为基础，得到的结果是体积分散度，如果粉尘粒子的质量恒定，也可得出相应的质量分散度。

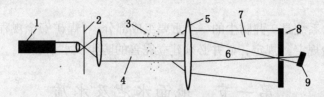

1—He-Ne 激光器；2—光过滤器；3—粉尘粒子；4—粉尘分散度；5—透镜；
6—未发散光；7—散射光；8—多元检测器；9—灰度检测器

图 5-11　激光粒度分析仪测定粉尘分散度原理

复习思考题

1. 什么是采样效率曲线？
2. 什么是空气动力学直径？
3. 作业场所空气中呼吸性岩尘接触浓度如何计算？
4. 作业场所呼吸性粉尘浓度测定通常采用什么方法？这种方法的原理是什么？
5. 目前，粉尘中游离二氧化硅含量的测定方法有哪些？
6. 粉尘分散度的测定方法有哪些？

第六章 防尘供水系统

矿井防尘供水系统是矿井防尘的一个重要组成部分。《煤矿安全规程》和《煤矿作业场所职业危害防治规定》规定，矿井必须建立完善的防尘供水系统。

第一节 地面水池及水质

一、供水水源与水质要求

矿井供水主要是利用地表水（河水、井水、水库水、湖泊水）和矿井水（水仓水和含水层水），也可利用工业或生活用水。有些矿井井下有丰富的含水层，也可利用钻孔将含水层中压力水引出供防尘用。作为矿井洒水水源，要求水量充足，其水质必须符合下列规定：

（1）大肠杆菌不超过 3 个/L。

（2）pH 值（氢离子浓度指标）应在 6.5～9.5 范围内。

（3）固体悬浮物含量不得超过 150 mg/L。

（4）总硬度不超过 20。

固体悬浮物过多易使管路或喷雾器堵塞，且增加空气中含尘量；强酸性水或强碱性水对管道、机器设备等有腐蚀作用。

防尘供水经化验分析，如不符合标准，必须进行净化处理。净化方法一般使用沉淀贮水池和浮飘吸水器，也可在供水管网系统中安设管道滤流器等。

二、供水净化处理

1. 沉淀池净化

水泵供水的井下水池，如果水源为岩层裂隙涌水和井下汇聚的污水，就应同时掘凿两个贮水池，一个作为污水沉淀池，另一个作为清水给水池，如图 6-1 所示。

污水沉淀池一般可分隔成两个独立沉淀过滤部分，并根据清水池的容积确定污水沉淀池的容积。污水沉淀池的过滤层一般由 2～3 层不同粒度的砂子、砾石和树棕以及金属网等构成。过滤层的底层为底梁和金属网，往上是厚度为 300 mm、粒度为 0.1～1.0 mm 的细砂，然后铺一层厚度 40 mm 的棕皮，并再铺一层厚度为 300 mm、粒度为 10～15 mm 的砾石，这样污水过滤后，水中含尘量可由 1500～2400 mg/L 降至 200～300 mg/L，粉尘阻留率达 75%～85%。沉淀池每隔 1～2 个月要清理一次，并更换砂子和砾石。

2. 因地制宜建设矿井水净化站

山西省雁北地区小峪煤矿为了保证处理后水质达到饮用水标准，采用了混凝、澄清、过滤、消毒等一系列较成熟的矿井水处理方法。其净化原理：矿井排水经调节水池沉淀去除较大颗粒的固体物质后，加入高分子混凝剂——聚合氯化铝，使矿井水中微小颗粒和胶

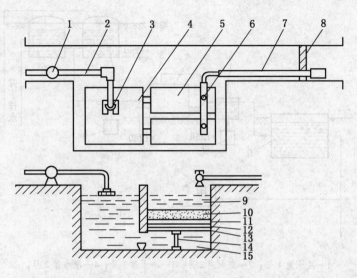

1—水泵；2—水泵吸水管；3—浮飘吸水器；4—清水池；5—污水池；6—污水阀；

7—污水进水管；8—挡水墙；9—沉淀池；10—砾石；11—树棕；12—细砂；

13—金属网；14—滤层支柱；15—过滤后清水

图 6-1　井下沉淀贮水池

体失去稳定，得以迅速凝聚成较大颗粒和胶体沉淀，过滤后从水中去除，然后再经次氯酸钠消毒。工艺流程如图 6-2 所示。

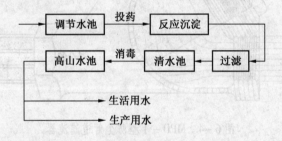

图 6-2　矿井水净化工艺流程

在具体设计中，因地制宜，充分利用了矿区地形，利用工艺流程中水头落差，将整个净水过程设计成无动力静压处理工艺，如图 6-3 所示。即用水的自流完成从污水池到净化水沉淀过滤，再到净水池的全过程。实践证明，该矿矿井水的净化工艺是一种合理、经济、科学的治理工艺，取得了较显著的社会效益、环境效益和经济效益，值得借鉴。

3. 管道滤流器净化

水质净化的另一种方法是在供水管网系统中安设管道滤流装置。目前已有 MPD-I 型防尘管道滤流器，它是防尘管道流体杂质过滤的专用器材。管道滤流器的基本结构如图 6-4所示，其尺寸见表 6-1。

滤流器的壳体为铸铁或铸钢件，承压为 981~2942 kPa（10~30 kg/cm²）。体内桶筛网孔为 40、60、80、100、120、160 目。筛网材质为铜质骨架配铜丝网、不锈钢丝网和尼龙网等。实测阻尘效率达 82%~96%。

4. 离心旋转自动沉淀式滤流器

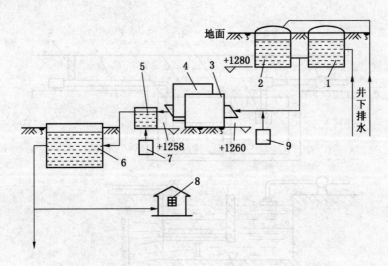

1—废水池1号；2—废水池2号；3—净水器1号；4—净水器2号；
5—室内水池；6—清水池；7—消毒装置；8—用户；9—加药装置

图6-3　净水过程的无动力静压处理工艺

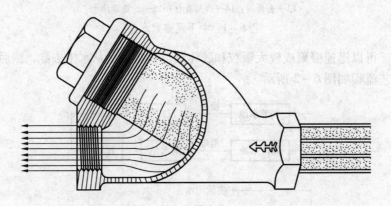

图6-4　MPD-I型防尘管道滤流器

表6-1　管道滤流器规格尺寸

尺寸/in	内径/mm	A/mm	B/mm	C/mm	D/mm	承压/kPa	连接方式
$\frac{1}{2}$	15	123.8	70.3	136.3	37.3	1961	标准管螺纹
$\frac{3}{4}$	20	144.2	86.5	169.0	57.8	1961	标准管螺纹
1	25	185.8	112.2	218.8	74.3	1961	标准管螺纹
$1\frac{1}{2}$	40	198.0	140.3	222.8	90.8	1961	标准管螺纹
2	50	231.0	173.3	276.2	119.8	2452	标准管螺纹

注：1in = 2.54 cm。

　　英国煤矿井下采煤机和掘进机等作业场所采用了离心旋转自动沉淀式滤流器，如图6-5所示。由于防尘供水水质清洁，所以喷雾器喷雾效果好，降尘率较高。

　　5. 新型自动化自净过滤器

　　英国米柯公司开发的 PM60 系列自动化自净过滤器，可用于采煤工作面机械、粉尘控制系统、掘进机及冷却系统用水的过滤。

该过滤器可处理粒度下限为 25 μm 的污染物，并可根据需要经常清洗，清洗频率则根据水中污染物浓度加以控制。清洗工艺采用高速旋转水流冲走聚集在滤网外侧的污染物。一般情况下，整个清洗循环只需 10 s，耗水量为 5 L，且不会中断过滤水的供应。

该过滤器不需人工操作和日常维修检查，可免除经常更换堵塞的过滤器部件的麻烦，从而提高了设备的可靠性，减少了停机时间，节省了费用。

6. 管道磁化除垢防垢装置

美国 LECO 工程公司生产出一种管道磁化除垢防垢装置，它只需安装在管道的外边，即可防止管道内壁结垢，除掉管道结垢，并可防止管壁腐蚀。

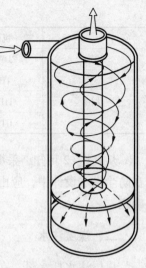

图 6-5 离心旋转自动
沉淀式滤流器

这种装置的原理：在装置形成的强磁场作用下，水中非极化矿物质受到磁化，彼此产生排斥作用，使矿物质失去相互结合形成坚硬水垢的能力，以软泥状由管路排出或沉淀于管路流速较低段，经冲洗排出。其防腐蚀的原理：经磁化软化的矿物质，在管路内壁形成一层防护层，从而防止水对管壁的腐蚀。

该装置具有以下优点：安装与拆卸方便，不需对管路作任何改动；不需任何动力；不需维修保养，一经安装，永久使用；不需任何化学药剂，因而无污染，可保持水的 pH 值不变；可用在各种供水管路上，安装 4 周内即可明显见效。

第二节 防尘用水设备的耗水量与水压

井下所需供水的防尘设备大致有以下几项：采煤机组、煤层注水、气动凿岩机、风镐、消火栓、定点喷雾器等。采用注水防尘的矿井，若为静压注水，使用供水管网供水；采用动压注水时，由于注水压力较高，供水管网压力低，无法满足要求。静压供水的水头，一般需保持在 40 ~ 50 m。

一、采煤机组

采煤机组的耗水量和配备的喷雾器数量与供水压力有关，因各类机组的喷嘴类型、数量各不相同，所以耗水量和水压要求也不一样，应根据使用采煤机组的具体供水技术要求，选择相应的数据。各类机组的耗水量及水压要求见表 6-2，这是在捕尘率较高情况下的测定数据。

表 6-2 国内外机组耗水量及水压

产　　地	机组型号	除尘、冷却的总耗水量/(L·min⁻¹)	水压/MPa
中国	MLQ-80	40	2.0
	MLS₃-170	200	2.0

表6-2（续）

产　　地	机组型号	除尘、冷却的总耗水量/(L·min⁻¹)	水压/MPa
德国	EDW-170L	200	4.4
法国	THV-16	123	4.1
	THV-150		
	DTS-300	229	4.4

从表6-2可知，采煤机耗水量一般在100~200 L/min，水压一般较高（$H > 2.0$ MPa）。在防尘供水设计中，应由机组产品样本提供的数据确定，在缺乏资料时，可参照同类机型确定。

二、煤层注水

煤层注水耗水量，在设计时用单孔注水量来确定供水量往往偏差很大，故一般用煤体注水后煤的合理含湿量来估算用水量：

$$Q = W(r_1 - r_2) \times 1000 \qquad (6-1)$$

式中　Q——井下预湿煤体的注水量，L/d；

W——原煤日产量，t/d；

r_1——预湿煤体后煤的含湿量，%；

r_2——原煤天然含湿量，%。

r_1 的取值，主要考虑获得最佳的降尘效果。北方矿井在冬季若煤的含湿量高将使煤冻结，影响装卸。根据经验，r_1 取3%为宜。

煤层注水压力根据注水方法来确定。

三、巷道掘进

1. 湿式气动凿岩机耗水量

一般应按凿岩机样本的耗水量作为选取依据，在无资料查阅时，每台凿岩机耗水量按0.01~0.05 L/s计算，应注意供水压力必须小于供气压力。湿式煤电钻、湿式风镐，在无资料时，耗水量和供水压力与凿岩机的相同。

2. 装岩洒水

采用人工或机械装岩时，应对爆堆进行分层注水。若装岩机械上备有喷雾装置，降尘效果会更好。向爆堆洒水的耗水量可按10~20 L/t计算，喷雾器在缺乏资料时，可按0.05~0.1 L/s计算。

3. 洗刷岩帮

爆破后，由工作面风筒口外1 m处开始至迎头位置用胶管对巷道周壁表面进行喷洗，一次洗刷时间按5~10 min考虑，耗水量10 L/min左右，水压不小于300 kPa。

4. 爆破后自动喷雾消烟降尘

爆破后自动喷雾，一般采用风水喷雾器，喷雾时间约10 min以上，耗水量可按15~20 L/min考虑。

四、喷雾器

安设于各尘源点的喷雾器的耗水量，与喷雾器类型及供水压力有关，例如采用武安 –4 型喷雾器时，可按表 6 – 3 查找；当缺乏资料时，可按 $q = 0.05 \sim 0.1$ L/s 计算，或按每个喷雾器在不同水压时的给流率来确定。

表 6 – 3 武安 – 4 型喷雾器性能

出水孔径/mm	水压/MPa	耗水量/ (L·min⁻¹)	作用长度/ m	射程/m	扩张角/(°)	雾粒直径/ μm
2.5	0.3	1.49	1.5	1.0	98	100 ~ 200
2.5	0.5	1.95	1.7	1.2	108	
3.0	0.3	1.67	1.6	1.3	102	150 ~ 200
3.0	0.5	2.11	1.8	1.3	110	
3.5	0.3	1.90	1.7	1.2	106	150 ~ 200
3.5	0.5	2.43	1.8	1.3	114	

喷雾器要求的水压，按理想流量（防尘效果最好的流量）所要求的水压确定。对处于最不利点的喷雾器，按规定要求，其出口水头不小于 20 m。

第三节 防尘供水系统及防尘供水管路的选择

完善的防尘供水系统，是开展防尘工作的物质基础。供水系统的确定，往往取决于水源。目前煤矿井下防尘供水分为静压供水和动压供水（气压供水是动压供水的方式之一）。二者相比各有利弊，从安全可靠观点看，静压供水较好，动压供水虽机动灵活、移动方便，但因其受水源及电气故障等多种因素影响，致使动压供水只局限在一定范围内使用，例如采煤机供水系统。气压供水（也称风包水车）只是一种临时性供水措施，适用于无管网作业地点。一般来说，煤矿防尘供水应尽量采用集中供水的方式，将贮水池设在地面，即采用静压供水为好，动压（气压）供水只能作为辅助手段。

一、水池容积的计算

矿井防尘静压水池容积应与消防水量同时考虑，水池可设在地面或井下巷道中的适当位置。静压水池的设计容积 $V(\text{m}^3)$ 应以满足每天生产防尘用水需要为宜，计算时可参照下式：

$$V = QBn \tag{6 – 2}$$

式中　Q——矿井防尘用水设计流量，m³/h；

　　　B——每班作业时间，h；

　　　n——每天生产班数。

水池容积同时要保证防火最小贮水量不小于 200 m³。

《煤矿作业场所职业危害防治规定》要求，永久性防尘水池容量不得小于 200 m³，且贮水量不得小于井下连续 2 h 的用水量，并设有备用水池，其贮水量不得小于永久性防尘水池的一半。防尘管路应铺设到所有可能产生粉尘和沉积粉尘的地点，管道的规格应保证各用水点的水压能满足降尘需要，且必须安装水质过滤装置，保证水质清洁。

二、水池位置的选择

根据国内经验，单段斜井垂深在 150 m 以内，水池设在地面为宜；新建斜井垂深小于 60 m，掘进用水可在静压水池旁临时设泵加压供水；待垂深超过 60 m 后再改泵压供水为静压供水。

无论在地面还是井下建造水池，其标高必须保证喷雾洒水等装置所需压力，即按下式计算：

$$H_Z = H_R + P \tag{6-3}$$

式中　H_Z——水池距用水点垂直高差，mH_2O（$10\ mH_2O = 1\ kg/cm^2$）；

　　　H_R——管网总阻力，mH_2O；

　　　P——管路末端所需工作压头，mH_2O。

三、静压水池的结构

1. 地面静压水池

地面静压水池要采用钢筋混凝土浇筑，结构应符合蓄水池标准设计。一般常用的有圆形池和矩形池两种。大型矿井有时也成对布置，一个正常使用，一个作为清污时备用。圆形钢筋混凝土防尘蓄水池的平面布置和结构外形尺寸如图 6-6 所示。各种不同容积的防尘静压水池的尺寸和进排水管径见表 6-4 和表 6-5。

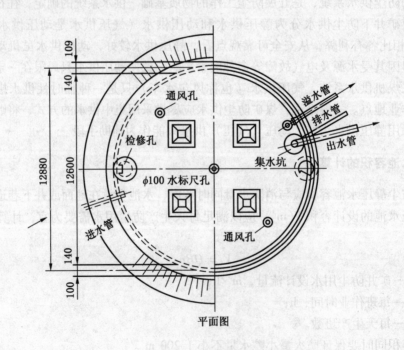

图 6-6　圆形钢筋混凝土防尘蓄水池平面布置及结构外形尺寸

表6-4　圆形钢筋混凝土防尘蓄水池规格尺寸

水池容积/m³	水池外形尺寸/m			加筋混凝土厚度/mm				池底集水坑/mm			
	纯高度	外直径	内直径	池壁厚度		池底	盖板	水坑直径		高度	排泥管径
				顶部	底部			顶径	底径		
200	3.2	9.20	8.94	130	130	200	130	2000	1500	1000	150
500	3.5	14.45	14.15	120	170	220	120	2000	1500	1100	150
1000	3.7	15.4	15.10	120	250	200	120	2000	1500	1000	150

表6-5　防尘蓄水池的配管口直径选择

管　　路	水池容积/m³						
	50	100	150	200	300	400	500
	管径/mm						
进水管	100	150	150	200	250	250	300
出水管	150	200	250	250	300	300	300
溢水管	100	150	150	200	250	250	300
排水管	100	100	100	100	150	150	150

2. 井下静压水池

井下静压水池多半是为采区服务，且为寿命不超过2~3年的临时性水池。这类水池主要是利用采空区和巷道岩层裂隙涌出水因地制宜建立起来的，一般为封闭或半封闭式。常见的有平巷隔离式水池、平巷水窝式水池和斜巷密闭式水池。其中，平巷水窝式水池清污方便，井下采用较普遍。利用井下废弃旧巷建立的静压水池一般都采用砖砌混凝土抹面结构，出水管和进水口尽量布置在靠近水池底部，并设过滤装置。如果条件许可，最好在水源侧多建一个沉淀水池，使浑浊水沉淀后再进入使用着的静压水池，以保证水质洁净。

四、地面水池的防冻

在寒冷地区，为防止冰冻，矿井地面静压水池必须有防寒设计。根据实践经验和热力学计算，地面水池的复土厚度和进出水管的埋设深度必须满足表6-6和表6-7的要求，这样方可认为是可靠的。

表6-6　防尘水池池顶复土厚度

室外平均温度/℃	>-10	-30~-10	<-30
复土厚度/m	0.5	0.7	1.0

表6-7　进出水管在冰冻以下的距离　　　　　　　　　mm

管径	$d \leq 300$	$300 < d \leq 600$	$d > 600$
管底埋深	$d+200$	$0.75d$	$0.50d$

五、防尘供水管路的选择

（1）根据矿井开拓、开采平面图及采掘机械化配备图，确定用水地点及选择喷雾器类型，并给出消防系统平面布置图。

（2）防尘供水管路的选择。地面管路采用钢管或铸铁管，铸铁管所承受的水压不得超过 1 MPa。井下应选用钢管。供水管路的直径，可根据用水量和管路中水的合理流速计算，最后选取与其相等或接近的标准管道。考虑防灭火和供水压头的需要，管径不能过细，通常地面水池至采区段管径为 100 ~ 150 mm，采区上下山为 75 ~ 100 mm，回采双工作面共用巷道为 50 ~ 75 mm，单工作面进回风巷为 37.5 ~ 50 mm，用水点支管为 19 ~ 25 mm。

第四节　喷嘴与水幕的设置与调试

一、喷嘴设置

各转载点包括输送机机头、溜煤眼上下口、翻笼、给煤机、转载机等及其他严重产尘点均要设置洒水防尘的喷嘴。

1. 单个喷嘴位置的计算

单个喷嘴位置的计算如图 6 - 7 所示，喷嘴到尘源中心的距离 L' 可按下式计算：

$$L' \geq (d_尘 /2 + l'')/\tan(\beta/2) \tag{6-4}$$

式中　$d_尘$——尘雾的最大直径，m；

　　　l''——有效射程内尘雾处径向的富余距离，一般为 0.1 ~ 0.3 m；

　　　β——喷嘴的张角（应按产品的规格值选取，见表 6 - 8），(°)。

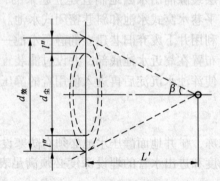

图 6 - 7　单个喷嘴位置计算图

表 6 - 8　常 用 喷 嘴 规 格

喷 嘴 类 型	耗水量/(m³·h⁻¹)	张角/(°)
农药喷嘴	0.09 ~ 0.13	70 ~ 80
大圆头喷嘴	0.25 ~ 0.36	70 ~ 80
淋浴喷嘴	0.76 ~ 0.90	50 ~ 60

喷雾状体的有效直径 $d_效$，可按下式计算：

$$d_效 = d_尘 + 2l'' \tag{6-5}$$

2. 巷道内喷雾点喷嘴数量及位置的计算

巷道内喷嘴布置计算如图6-8所示，喷嘴的合理间距 l_1，可按下式计算：

$$l_1 = (0.6 \sim 0.9)d_效 \tag{6-6}$$

式中　$d_效$——最佳射程 l''（$1 \sim 2$ m）内的雾网直径，m。

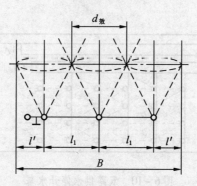

图6-8　巷道内喷嘴布置计算图

$$d_效 = 2l''\tan(\beta/2) \tag{6-7}$$

喷嘴距巷帮侧的距离 l'，可按下式计算：

$$l' = l_1/2 \tag{6-8}$$

喷嘴距巷道顶板（或顶板支护）的距离一般为 $0.3 \sim 0.8$ m。

设巷宽为 B，则巷道需用喷嘴数 $n_嘴$：

$$n_嘴 = B/l_1 \tag{6-9}$$

二、净化水幕的设置

净化水幕是主要用来净化风流的水幕。矿井、采区和采掘工作面的进、回风巷都要设置，靠近工作面出口的回风巷水幕应距出口 10 m 左右。净化水幕耗水量应大于通过风量的万分之一。净化水幕的布置形式如图6-9所示。图6-9a、图6-9b形式较好，增设交叉喷嘴更易形成幕布；图6-9c、图6-9d、图6-9e形式的喷嘴数量少，不易封闭全断面；图6-9f形式效果最差，不宜采用。拱形巷道中的顶部支管应呈弧形。

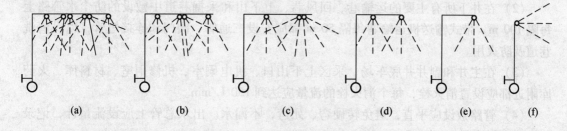

| (a) | (b) | (c) | (d) | (e) | (f) |

图6-9　净化水幕的布置形式

水幕的控制开关应实行光电、火焰温度感应或冲击波感应等自动控制。光电控制时应确保光照强度，光距不超过 3.5 m。未自动控制前可安设现场用的双路供水水幕组，如图6-10所示。只要 A_1A_2 或 B_1B_2 开关有一组同时开启，水幕组就能喷雾。平时 A_1 与 B_1 和

A_2与B_2必须是一组开着，另一组关着。行人无论从哪一端通过，通过前，阀门开着的关上，原来关着的开启，水幕组停水；通过后，阀门关着的打开，原来开着的关上，水幕组又恢复喷雾。为了使水幕正常工作，避免误动作，应在水幕组两端阀门处挂上操作牌。两端水阀门安设位置以水雾不淋湿衣服为原则，阀门距喷水处距离在进风侧约为 5～6 m，在回风侧约为 10～15 m。

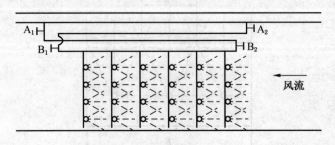

图 6-10　双路供水停开水幕

三、喷嘴安设方向与调试

一般喷嘴安设方向是迎着风流方向，略有一定俯角，水幕组前两道喷嘴俯角以30°左右为宜，这样能迅速封闭巷道全断面，以后各道以俯角15°左右为宜，俯角过小易喷射到顶板上，喷嘴不能对着帮部和顶板直射。当喷嘴方向为顺风流方向时，喷雾水流被风流带走，可达 20 m 远，使水幕封闭差，粉尘和火焰易从巷道底部通过。

喷嘴安设好后应作幕布调试，主要调试喷嘴安设角度、方向及水压，使水幕雾状均匀封闭整个巷道断面，否则应重新调试安装位置、喷嘴间距、数量及排列方式。

转载点的喷嘴方向及位置也应调试至水雾全部盖住尘源。调试好的喷嘴平时不得随意拨动，使之保持最佳状态。

四、管路、喷嘴的敷设要求

（1）防尘水管路应到达所有采掘工作面、溜煤眼、翻罐笼、输送机转载点、中间运输巷、回采工作面的进风巷和回风巷。

（2）在井下所有主要的运输巷、回风巷、上下山和采掘巷道中敷设的防尘水管路上每隔 100 m、带式输送机运输巷每隔 50 m 都应安设三通管、阀门和连接短管，以供清洗巷道及防火用。

（3）在主井和副井井底车场、采区上下山口、机电硐室、机修硐室、材料库、火药库附近都应设置消火栓，每个消火栓的流量应达到 150 L/min。

（4）管路敷设应平直，避免转硬弯、死弯，不漏水。出水总管上应设流量计，记录防火降尘耗水量。

（5）地面管路敷设要采取防冻措施或埋入当地冻结深度以下。

（6）巷道中的喷嘴应固定在支管上，回采工作面输送机机头喷嘴应用胶皮软管敷设，管径为 15～25 mm，管长宜为 20～50 m，随工作面推进及时移动位置。

（7）各洒水处必须有单独的控制阀门。

（8）喷嘴接头要固定牢固，不漏水。

第五节　管路的保养维修

一、检漏堵漏

管路漏水是井下事故隐患之一。井下的管路漏水主要是由安装质量欠佳和材质选型不当造成。因车撞、炮崩造成的漏水只占很小的比例，常见的是接头漏水。对于明管接头的漏水，可通过加垫和紧扣的办法解决。暗管的检漏、堵漏比较困难，要凭借经验和先进的检漏仪器，先找准漏水地点，再开挖处理。

二、检修焊补

如果管道损坏严重，就需要换新管。如果是铸铁管发现裂缝，可通过钻孔法控制裂缝的发展，然后在管外用叠合套管箍住，再用螺栓固定。铸铁管孔洞很大时，需另加铁板再用叠合套管箍牢。

钢管的裂缝可用电焊补焊。如果管壁已穿孔，须在洞内打入木塞再用铁箍箍牢。

三、管壁清污

管壁清污即通常所说的刮管，由于井下水质污浊或地面水源无过滤澄清设施，致使长年使用的管道管壁挂满污垢，使水头损失上升，流量降低，有的甚至减少到新管的60%～70%。因此，必须定期采取措施清除污垢。

清除管壁积存的污垢，需要采用水力清管器或电动刮管机。最简单的清管器是水压棘球和水力驱动清管器。水压棘球是用软木制成的，并用螺栓加固以防裂纹。软木球面上交叉钻孔，孔径为 10 mm，孔深为 500 mm，孔距为 20～25 mm，将 3～4 根直径为 2～2.5 mm 的钢丝放入钻孔，打上木楔，使每束钢丝的露头长度保持在 25 mm 左右。一般棘球都做成系列的，使用时先拆除管线上的异径管，并用临时水泵向管内注水，先投入探管光滑硬球（球径略小于积垢后管径），待管道顺流下端见球后，再逐次投入棘球清污，并继续注水，清洗残垢。操作时如发现卡球现象，可反向加水退出。

水力驱动清管器是用聚氨酯作基体制成的软质清管器，其原理与棘球基本相同。它利用管内流体本身的能量做功，推动清管器作定向运动而实现自动清污。

使用水力驱动清管器的关键在于清管前必须掌握管内污垢沉积的理化性质、水流状态、沉积厚度、硬度、强度、比重、水流速度、流量、压力等。

电动刮管器适用于管径为 500～1200 mm 的大管。其刮管速度为 1～1.5 m/min，每次刮管长度约 150 m。它是选用电动机带动的链锤打下管壁上的积垢，一边除垢，一边清垢，剩下的积垢用水冲洗。

四、明管防冻

明管防冻首先要准确预算出不同气温下管道含水结冰时间，然后再采取相应的保温和水管预先泄空等措施。

复习思考题

1. 防尘供水净化方法有哪些?
2. 井下所需供水的防尘设备有哪些?
3. 目前煤矿井下防尘供水有哪几种? 各有什么利弊?
4. 清除管壁积存的污垢有哪些方法?
5. 喷嘴安设方向应如何设置?

第七章　矿井粉尘防治措施编制

为了有效地防治矿井粉尘，提高矿井的抗灾能力，本章学习的目标是培养学生知道矿井粉尘防治措施的内容是什么；如何编制矿井粉尘防治相关的制度和措施，具体应该编写什么内容；矿井粉尘防治的效果和标准是什么，如何按标准去加强矿井粉尘的防治管理，最终实现矿井粉尘的防治目标。

第一节、第二节是必修内容。第三节定为选修内容，是应用能力培训部分，主要要求学生学会如何应用此标准去对现场进行现状检查，在项目执行过程中或在本章实习或专业实习过程中，要求学生以此节内容为依据，对学生进行技能培训。

第一节　防尘技术措施编制的主要内容

为了有效提高矿井防治粉尘的能力，有效地管理可行可靠的技术措施是不可缺少的。所以，在编制防尘技术措施时，虽不能包罗万象，但必要的内容不可缺少，主要内容包括以下几个方面：

一、综合防尘技术主要内容

（1）减尘技术措施。①湿式钻孔；②水炮泥；③预湿煤体防尘；④改进采掘机的结构与运行参数。

（2）矿井通风排尘技术措施。

（3）煤矿湿式除尘技术。①喷雾洒水的作用；②放顶煤工作面湿式除尘技术措施；③放煤口负压捕尘装置；④液压支架上的喷雾系统；⑤采煤机的内喷雾；⑥采煤机的外喷雾；⑦输送机的喷雾降尘；⑧水幕降尘。

（4）磁化水防尘技术措施。①磁化水降尘原理；②磁化器；③高效磁化喷雾降尘器。

（5）泡沫除尘剂技术措施。

（6）落尘的处理技术措施。①清扫巷道；②冲洗巷道防尘技术措施。

（7）个体防护技术措施。

二、矿井粉尘防尘安全检查要点

矿井防尘系统检查的要点概括来讲：一是检查防尘洒水系统的有效性，水量、水压、供水管路是否满足矿井降尘的需要；二是检查矿井喷雾降尘、洒水降尘等工作是否正常进行以及降尘效果等。具体内容包括：

（1）蓄水池容积水量是否满足矿井防尘洒水的需要；水压是否达到洒水、注水的要求。检查时，根据注水钻场注水量与洒水量之和确定全矿需水量。一般情况下有水源补充时，蓄水池水量应为矿井日需水量的2倍以上；如果水源补充不及时，应为日需水量的10倍。

（2）供水管径能否满足需要；大巷供水管路每 50 m 是否设置调节阀门；供水管路是否靠帮靠顶，不漏水；供水管路通过巷道交岔处时是否妨碍行人和通车。检查时应根据用水量和压力进行检查，发现供水不足、管径小、漏水或堵塞时，要及时通知整改。

（3）工作地点喷洒头是否足够；喷雾时是否呈雾状；水质是否清洁，不清洁时有无过滤装置。检查时主要检查井下煤仓、溜煤眼、翻罐笼、装煤转载点的喷雾装置及其使用。

（4）井巷清扫、冲洗是否正常进行。检查时检查巷道有无积尘。

（5）矿井是否有完备的防尘资料，包括煤尘爆炸鉴定报告、矿井综合降尘措施、清扫煤尘记录、防尘洒水、系统图、注水钻场、钻孔台账、防尘洒水月报、季报等。

三、测尘点的选择和布置要求

为了能客观评价作业场所空气中粉尘含量对人体的危害程度，无论采用滤膜采样法还是采用快速测尘仪测定法测定粉尘浓度时，均应把测尘点布置在尘源的回风侧，粉尘扩散得较为均匀的人工呼吸带内。对于薄煤层及其他特殊条件，呼吸带的高度视实际情况而定。对于井上下不同作业场所测点的选择和布置见表 5-5 和表 7-1。

表 7-1　滤膜采样测定粉尘浓度的记录表

工作地点及作业班组		流量计读数/(L·min^{-1})	
粉尘种类及作业序号		粉尘浓度/(mg·m^{-3})	
滤膜编号		防尘措施	
采样时间/min			

四、综合防尘的规定

1. 一般规定要求

（1）要建立综合防尘制度，明确责任，完善静压洒水系统。

（2）矿井必须建立完善的防尘供水系统，井下所有巷道都必须安设防尘供水管路，主干管路必须刷天蓝漆。带式输送机巷管路每隔 50 m 设一个三通阀门，其他管路每隔 100 m 设一个三通阀门。主要运输巷、主要回风巷上下山掘进巷中，防尘管路每 100 m 设一个三通阀门，采煤工作面进回风防尘管路每 100 m 设一个三通阀门。

（3）矿井主要辅运大巷、主运大巷、总回风巷、采区进风巷和采区回风巷，每条巷道内至少安装一道净化水幕，水幕应封闭巷道全断面。

（4）矿井必须建立完善的防尘供水系统，井下各作业点、转载点、溜煤眼、转载机头、装卸点都必须安装完善的喷雾装置，洒水降尘，并实现自动化。没有防尘供水系统的采掘工作面不允许生产。

（5）井下所有巷道必须定期冲刷积尘。主要辅运大巷、总回风大巷和主运大巷每月冲刷一次。矿井主要进风大巷每半年洗巷一次，每年必须刷白一次。采区上下山每半年冲洗一次。

（6）矿井使用的采掘机械必须设有喷雾洒水灭尘装置，水压必须按《煤矿安全规程》

要求，无水和洒水灭尘装置损坏都不得开机。

（7）凡要求安设喷雾洒水地点必须喷雾齐全，瓦检工、放炮员要每班汇报喷雾消尘情况。

（8）采煤工作面防尘措施：①回采前，必须进行煤层注水，煤层注水后的水分增加率应到20%，不少于1%；②采煤机必须安装内、外喷雾装置，内喷雾压力不得小于2 MPa，外喷雾压力不得小于1.5 MPa，压力达不到要求时，必须安装专用喷雾泵；③进风巷和回风巷各安装两道净化水幕，第一道距安全出口不大于50 m，运输巷破碎机必须安装专用喷雾装置；④综采工作面液压支架必须安装架间喷雾，移架时同步喷雾；⑤按规定定期冲刷煤尘，采煤工作面和回风巷生产班要班班冲刷，进风巷每天冲刷一次；⑥机组司机、支架工和回风侧工作人员均要佩戴防尘口罩。

（9）爆破作业应实施湿式打眼，水炮泥封眼，严禁干式打眼作业。

（10）在开采条件允许的情况下采取煤层注水防尘。每个回采工作面都必须进行煤层注水，注水量每日须汇报调度，煤层注水每月汇总上报一次。

（11）矿井每年应制定综合防尘措施。

（12）对接触粉尘的作业人员要设个体防尘设施，如采掘工作面的作业人员佩戴防尘头盔、防尘口罩等。

（13）要坚持粉尘测定工作，按规定定期测量粉尘，并填报各类图表，上报有关部门。

根据《煤矿安全规程》和《国家职业卫生标准》的有关规定，对煤矿企业井下作业场所的空气粉尘浓度作了较严格的规定。

2. 总粉尘、呼吸性粉尘的标准要求

总粉尘、呼吸性粉尘的标准应符合表1-2的要求。

在煤矿的众多职业危害因素中，粉尘危害最为严重，因此，控制粉尘危害也非常重要，《煤矿安全规程》所规定的粉尘浓度标准，一是按粉尘中游离二氧化硅的含量划分，要求比国家标准更细化了；二是增加了呼吸性粉尘的标准，这就要求从事煤炭生产加工的企业，井上、下作业场所内的粉尘含量要严格控制在上述标准要求的范围内。

3. 对矿井粉尘的监测要求

为了保证上述标准的实施，《煤矿安全规程》规定煤矿企业必须按国家规定对生产性粉尘进行监测，并遵守下列规定。

（1）总粉尘：①作业场所的粉尘浓度，井下每月测定2次，地面及露天煤矿每月测定1次；②粉尘分散度，每6个月测定1次。

（2）呼吸性粉尘：①工班个体呼吸性粉尘监测，采、掘（剥）工作面每3个月测定1次，其他工作面或作业场所每6个月测定1次；每个采样工种分2个班次连续采样，1个班次内至少采集2个有效样品，先后采集的有效样品不得少于4个；②定点呼吸性粉尘监测每月测定1次。

（3）粉尘中游离二氧化硅含量，每6个月测定1次，在变更工作面时也必须测定1次；各接尘作业场所每次测定的有效样品数不得少于3个。

（4）开采深度大于200 m的露天煤矿，在气压较低的季节应适当增加测定次数。

第二节　防尘管理措施编制的主要内容

一、矿井综合防尘管理机构及责任制

为了加强矿井综合防尘管理工作，认真落实上级瓦斯治理综合防尘的有关规定，有效预防煤尘事故的发生，成立综合防尘管理机构，并制定公司各级领导和有关部门综合防尘责任制如下。

（一）成立公司综合防尘领导小组

组长：公司经理。

副组长：总工程师、安全副经理、回采副经理、开掘副经理、机电副经理、经营副经理。

成员：通风副总、开掘副总、回采副总、机电副总，通风区、生产技术部、安全监督处、瓦斯治理科及井下各单位行政正职。

综合防尘领导小组办公室设在通风区，负责综合防尘管理日常工作。

（二）综合防尘领导小组的职责

综合防尘管理机构负责研究和制定矿井综合防尘方案和措施，贯彻执行上级综合防尘有关规定，负责落实矿井综合防尘所需要的人、财、物等，检查综合防尘措施的实施情况，定期召开矿井综合防尘工作会议，定期开展矿井综合防尘检查工作，并对存在的隐患及时进行整改。

（三）各级领导、部门综合防尘责任制

1. 公司领导综合防尘责任制

（1）公司经理是矿井综合防尘工作的第一责任者，应定期检查、平衡综合防尘工作，解决综合防尘所需的人力、财力、物力，确保抽、掘、采平衡，保证综合防尘工作的实施。

（2）总工程师对矿井综合防尘工作负直接管理责任，负责组织编制、审批、实施、检查综合防尘工作规划、计划和措施，负责综合防尘资金的使用和安排。

（3）回采、开掘、机电副经理对分管业务范围内的综合防尘工作负直接管理责任，负责落实分管业务范围内的综合防尘工作，落实有关综合防尘措施。

（4）经营副经理负责矿井综合防尘所需资金和设备、材料的供应。

（5）安全副经理负责对矿井综合防尘工作进行监督检查。

（6）通风副总工程师负责矿井"一通三防"业务范围内的综合防尘技术工作，负责组织研究和制定综合防尘方案和措施，并负责落实。

（7）开掘副总工程师负责矿井开掘业务范围内综合防尘技术工作，并及时提出采取相应防治煤尘措施的建议，落实有关综合防尘措施。

（8）回采副总工程师负责矿井回采业务范围内综合防尘技术工作，并及时提出采取相应综合防尘措施的建议，落实有关综合防尘措施。

（9）机电副总工程师负责机电和运输业务范围内的综合防尘技术工作，落实有关综合防尘措施。

2. 部门领导综合防尘管理责任制

通风区长对通风区管辖范围内的综合防尘工作负主要管理责任；回采、掘进、机电、运输区长对分管范围内的综合防尘工作负主要管理责任；井下各单位副区长对分管业务范围内的综合防尘工作负直接管理责任，班、组长对所在岗位的综合防尘工作负直接责任。

生产技术部、综合防尘科、安全监督处等各职能部门负责人对本职范围内的综合防尘工作负责。

3. 瓦斯治理科综合防尘责任制

（1）负责矿井综合防尘技术工作及各业务部门的技术业务指导、监督和管理。

（2）负责编制矿井综合防尘管理制度。

（3）负责编制矿井综合防尘工程设计。

（4）负责矿井综合防尘规划和综合防尘安全技术措施工程计划的编制。

（5）负责综合防尘设计和相关安全技术措施落实情况的监督和检查。

（6）负责综合防尘新技术、新装备的研究、推广和应用。

4. 通风区综合防尘责任制

（1）通风区是矿井综合防尘工作的第一责任单位，负责监督落实公司制定的综合防尘方案和措施，贯彻执行上级综合防尘有关规定。

（2）负责编制综合防尘安全技术措施。

（3）负责监督落实采掘工作面综合防尘安全技术措施。

（4）负责落实"一通三防"业务范围的综合防尘工程。

（5）负责收集和整理综合防尘有关技术资料和数据。

（6）根据采、掘工作面实际情况，及时提出综合防尘的措施和建议，供公司综合防尘领导小组决策。

（7）负责本单位职工综合防尘技术培训工作。

5. 采掘区综合防尘责任制

（1）负责采掘区所分管业务范围内的综合防尘工作，认真执行防尘管理有关规定。

（2）负责分管范围内综合防尘工程的实施。

（3）负责落实采掘工作面综合防尘安全技术措施。

（4）负责本单位职工综合防尘技术培训工作。

6. 机电、运输区综合防尘责任制

（1）负责分管业务范围内的综合防尘工作，认真执行综合防尘有关规定。

（2）负责本单位职工防治瓦斯培训工作。

7. 生产技术部综合防尘责任制

（1）负责分管业务范围内的综合防尘工作，认真执行综合防尘有关规定。

（2）协调和指挥全矿井各有关单位，确保综合防尘工作顺利实施。

8. 安全监督处综合防尘责任制

（1）负责监督检查综合防尘有关规定的执行情况。

（2）负责监督检查综合防尘方案和综合防尘安全技术措施的落实。

9. 防尘队长岗位责任制

在区长、副区长、工程师的领导下，对本队工作全面负责，认真执行《煤矿安全规程》、"矿井综合防尘细则"中安全技术措施和有关上级的防尘指示规定。

（1）负责编制本队劳动竞赛方案、制度，定期召开队务会，总结布置检查工作，研究解决生产中存在的问题。

（2）接受区领导下达的各项任务，并领导全队组织完成和超额完成各项生产指标。

（3）参加区召开的区务、生产、安全、技术、人事经营会议，关心职工生活，组织分析本队事故，接受教训。

（4）经常深入井下，了解情况，掌握本队消尘，打钻、注水、洒水、洗巷、刷浆情况，审批班报。

（5）负责本队出勤及各种业务考核工作，并负责炮泥、土场的供给，仪器房管理，仪器发放，仪器维修合格等工作，满足生产需要，保质保量。

10. 防尘副队长岗位责任制

在队长领导下，负责贯彻《煤矿安全规程》、"矿井综合防尘细则"中有关安全生产和防尘的指标规定、措施等。

（1）参加队务会，研究解决生产中存在的问题，根据区队安排，按设计要求布置指挥打钻、注水、扫尘、洗巷、刷浆、炮泥、土场，并负责检查验收。

（2）参加班前、班后会议，布置本班生产任务，领导安全生产，发现问题积极领导本班进行处理。

（3）参加安全质量检查，负责本队一般事故分析，并带领职工全面完成各项生产任务指标。

（4）与职工同上同下，完成当班生产任务，按时参加区召开的大班前会，接受值班长布置的紧急任务。本班安全生产情况及时向调度汇报。

11. 防尘技术员岗位责任制

负责防尘年度、月度计划的编制，提出有关技术措施，协助防尘队长完成各项防尘生产计划任务，熟悉通风业务。

（1）贯彻上级有关安全生产、防尘工作方面的指令，严格技术管理。

（2）负责工作面煤层注水设计，并考察注水效果，研究规律，总结经验，提出改进意见。

（3）负责大巷自动喷雾、上下山喷雾以及大巷隔爆水袋，工作面隔爆水袋设置的安排工作。

（4）收集整理分析有关防尘方面的技术资料，并掌握现场实际情况，发现问题及时处理。

（5）负责井下粉尘测定技术工作，定期绘制消尘系统图，掌握消尘数据和技术参数。

（6）审查消尘报表，每月对有防尘设施的通风巷道全面检查一次。

（7）严格掌握粉尘测定、注水、洗巷的计量考核。

（8）完成领导交办的各项任务。

12. 防尘工技术操作规程

（1）必须持有效证件上岗。

（2）必须熟练掌握矿井防尘、压风、排水、消防火、抽放管路系统及附属装置。

（3）上岗前带全所需工具、材料。

（4）接设管路前详细检查管材质量，保证完好，同时清除管内杂物。

（5）管路要托挂或垫起，吊挂要平直，拐弯处要设置弯头，管子接头要严密，保证不漏气、不漏水。

（6）风水管每50 m设置三通阀门，每200 m设置截止阀门，距采掘工作面距离不大于30 m。

（7）在有电缆的巷道内敷设管路时，应尽量敷设在另一侧，如果条件不允许，必须与电缆敷设在同一侧时，管路应离开电缆300 mm以上。

（8）敷设的瓦斯管路不得与带电物体接触。

（9）新安设的管路要进行打压试验，不合标准的不能使用。

（10）拆除或更换瓦斯管路前，必须把计划拆除的管路与在用的管路用挡板或阀门隔开，待管路内瓦斯排除后方可作业。拆除或更换防尘、压风、消防火、排水管路时，要提前卸压，待管路内流体全部流净后方可作业。

本工种存在危险因素是拆除或更换管路时管滑下砸人。工作过程中严格按措施施工，做好自主保安工。

二、防治粉尘管理制度

为认真贯彻执行《煤矿安全规程》中关于防治煤尘危害的各项决定，防止煤尘爆炸事故的发生，保护职工的安全和身体健康，促进安全生产，特制定综合防尘制度如下。

（一）加强防尘工作的领导

矿长对全矿综合防尘工作全面负责，技术负责人对全矿综合防尘工作负技术领导责任，各业务管理部门对分管业务范围内的综合防尘负直接管理责任。

矿办公室是矿井粉尘防治工作的技术业务主管部门，设专（兼）职管理人员，负责矿井综合防尘技术业务管理工作，编制全矿防尘工作规划，指导、协调各施工队、班组落实和执行综合防尘措施。

真正做到分工负责、齐抓共管、综合治理，从严从细做好综合防尘工作。

公司总工程师负责防尘技术的全面领导工作。负责组织编制防尘规划、防尘措施、防尘工程计划，并负责检查防尘措施的执行情况，不断提出改进意见。

采、掘、运的队长要对本单位、本管辖区内的防尘工作全面负责，认真落实本防尘管理制度。管好、用好防尘设施，落实责任，尽最大努力把粉尘降下来。

安全部是全公司防尘工作的主管单位。负责全公司防尘设施的安装、拆卸、维修及监督检查防尘设施的使用情况。做到安装、拆卸、维修及时，保证各种防尘设施始终能够灵活好用。确实起到良好的降尘效果。

公司在组织旬检和临时安全抽查时，要把防尘工作列为一项检查内容。经常检查防尘设施的使用情况及防尘工作存在的问题，安全检查员也要随时检查防尘工作，对不使用防尘设施的采掘工作面有权令其停止作业。

公司工会要负责组织职工对全公司防尘工作的监督检查。对粉尘浓度大，而又未采取措施治理，严重影响职工安全和健康的作业场所，工会有权停止其作业，并追查有关领导的责任。全公司职工有权利、有义务对降低粉尘浓度提出建议。

新开工的采掘工作面，安全部安装好防尘设施，由公司调度室组织通风、采掘队负责人共同验收以后，经安全部与使用单位负责人双方签字，移交给使用单位，使用单位负责使用、管理、保护好防尘设施，防尘设施的安装、验收、使用都必须按照《煤矿安全规程》及相关标准。

各施工队或班组必须按《煤矿矿井质量标准化标准及考核评级办法》中防治煤尘有关规定完善井下防尘设施，并做到勤检查、勤维护，保证系统正常运行和使用。

矿每月对防尘工作进行一次考核检查，年底进行综合评比。

（二）奖惩办法

（1）没有按时完成井下防尘设施的安装、拆卸和维修任务，罚安全部责任者××元，找不出责任者罚安全部长××元。

（2）防尘设施必须经常紧跟工作面，否则发现一次罚安全责任者××元，找不出责任者罚安全部长××元。

（3）各生产单位有防尘设施不使用（如不用水炮泥，爆破前后不洒水等）罚责任者××元，找不出责任者罚该队队长××元。

（4）防尘设施（如水门、喷雾杆、喷嘴、手把、胶管等）丢失和损坏，由责任者按价付款，找不出责任者由该队队长支付。

（5）因不负责任撞坏、碰坏、损坏防尘设施，罚责任者××元，找不出责任者由该队队长支付。

（6）对任意破坏、偷盗防尘设施者，安全部和公安分处要认真追查，严肃处理。

（7）罚款办法。由安全部出具手续，财务科扣款，并列入安全基金。

（8）对在防尘方面做出突出贡献的单位和个人，在年、季、月总结评比时，经报公司批准后给予适当奖励。

（三）综合防尘例会制度

1. 公司安全办公会议

（1）坚持每月召开1~2次安全办公会议。

（2）把综合防尘列入安全办公会议重要内容。

（3）综合防尘方面的重大问题提交安全办公会议研究解决，并责成专人检查，督促和落实。

（4）每次安全办公会议都要检查上次办公会议综合防尘方面问题的落实情况。对综合防尘工作拖拖拉拉不负责的领导干部要批评教育。因部门领导对综合防尘工作不负责而造成事故的要认真追究他们的责任，要严肃处理。

2. 总工安全办公会议

（1）公司总工程师坚持每月召开一次由技术、安全等部门参加的综合防尘专业会议。

（2）总结上月综合防尘工作，表扬好人好事，对综合防尘工作拖拖拉拉不负责任的部门和专业工种给予批评教育。因部门或个人对综合防尘工作不负责任而造成事故的，要认真追究他们的责任，严肃处理。

（3）布置下月综合防尘工作。责任要落实到部门，做到综合防尘工作有布置、有检查、有总结。

3. 综合防尘检查评定工作

（1）公司总工程师坚持每月组织一次由生产、机电、安全、技术等部门参加的综合防尘检查评定工作，并将检查评定结果报集团公司通风处。

（2）对查出的问题采用"四定"（定项目、定措施、定时间、定人员）的方法进行解决。

（3）根据检查的好坏程度、得分多少，作为各部门、各专业工种奖惩和考核的主要依据。

（四）粉尘检测制度

为降低井下各生产地区的粉尘浓度，改善井下职工的工作环境，降低煤矿职业病的发病率，确保安全生产，根据《煤矿安全规程》规定，结合矿井实际，制定粉尘检测制度。

（1）测尘人员必须掌握以下知识：①熟悉入井人员的有关安全规定和测尘仪器的工作原理；②掌握《煤矿安全规程》有关防尘的规定和本矿的粉尘源以及防治重点；③了解煤尘爆炸的有关知识和有关尘肺病的知识；④了解井下各种气体超限的危害及预防知识。

（2）下井要带全仪器、仪表、工具和记录本等仪器，严禁碰撞挤压，不得让他人代拿或摆弄。测尘时要首先注意观察采样地点顶帮、运输等情况，以保证工作中的安全，如有隐患必须先处理。

（3）井下作业场所的总粉尘浓度每月测定两次。呼吸性粉尘，采掘面每3个月测定一次，其他地点每6个月测定一次；粉尘中的游离二氧化硅的含量，每6个月测定一次，变更工作地点时要测定一次。

（4）测尘前要认真检查测尘仪器，做到外表清洁、附件齐全、电键或旋转按钮灵敏可靠。根据测尘地点和采样数量准备好使用仪表、工具及其附件。使用粉尘采样器测尘时，要事先认真称量采样滤膜。测量时用塑料镊子取下滤膜两面的夹衬纸，然后将滤膜轻放在分析天平上进行称重，并记下重量值、编好号码，再装入滤膜盒内。要求滤膜不得有褶皱、滤膜盒盖要拧紧，并置于干燥器内。

（5）测定粉尘要遵照下列顺序进行：

检查仪器→准备滤膜→现场采样→分析采样→填写数据报表→整理仪表。

（6）选择测尘位置时要遵守以下规定：①采样地点设在回风测；②采样高度在人的呼吸带高度，一般为1.5 m左右；③在掘进工作面采样时，要在巷道未安装风筒的一侧距装岩（煤）、打眼等地点4~5 m处进行；④采煤工作面多工序同时作业时，要在回风流距工作面回风口10~15 m处采样；⑤在转载点采样时，要在其回风侧距转载点3 m处进行；⑥在其他产尘场所采样时，在不妨碍工人操作的条件下，采样地点应尽量靠近工人作业的呼吸带。

（7）对测尘开始时间的要求：①对于连续性产尘作业，应在生产达到正常状态5 min

后再进行采样；②对于间断性产尘作业，应在工人作业时采样。

（8）测尘时要遵守以下规定：①仪器的采样口必须迎向风流，采样时首先调节好所需流量（一般为 15～30 L/min），并检查保证无漏气，然后取出准备好的滤膜夹，固定在采样器上；②采样中应注意保持流速稳定，并根据估计的滤膜上的粉尘重量，来决定采样时间的长短；要详细记录采样地点、作业工艺、样号、流速及防尘措施等，同时记下采样开始和终止时间；③采样后，将滤膜固定圈取出，迅速放入采样盒，要求受尘面向上，不要摇晃振动，然后带回实验室称重、分析；④采样后，应将滤膜放在干燥器内干燥 1 h，然后再进行称重；如采样现场有水雾或发现滤膜表面有水珠、湿度过大时，要先将滤膜放在 65 ℃的烘干箱内烘干 2 h，然后再放入干燥器内干燥 30 min，最后再将其置于分析天平上称重 1 次，直至恒重为止，记录所称重量。

（9）使用粉尘采样器测尘时，若采样后的滤膜被污染或粉尘失落必须重新采样。

（10）测尘完毕后要填写粉尘测定记录，月底做好本月粉尘浓度测定表，并及时上报。

（五）巷道冲刷制度

1. 主要运输大巷刷白

主要运输大巷每半年刷白一次，由运输队负责安排落实。

2. 主要进、回风巷冲刷

主要进、回风巷（主副井筒、石门、皮带巷、主副下山、主要回风上下山、总回风道）每月冲刷一次、消灭煤尘堆积（巷道内不得有厚度超过 2 mm，连续长度超过 5 m 的煤尘堆积），由安全部通风防尘班负责落实。

3. 采区内巷道冲刷

采区内巷道（采区上下山、回采工作面刮板输送机道、回风巷）每周冲刷一次，由所辖区队负责安排落实。

4. 采掘工作面洒水、冲洗

（1）采煤工作面：爆破前后冲洗煤帮，出煤洒水，放顶时喷雾洒水，由采煤队当班班长负责。

（2）掘进工作面：爆破前后对距工作面 30 m 范围内巷道周边进行冲洗，由掘进队当班班长负责。

（六）综合防尘责任追究制度

（1）矿井防尘供水系统不完善，供水能力不足的，造成事故隐患的将追究相关负责人的责任。

（2）采区设计、采掘工作面设计、作业规程编制、防尘设计不完善，不符合《煤矿安全规程》要求的将追究相关人员的责任。

（3）各类井巷工程项目验收中严格执行"综合防尘一票否决制"，防尘设施不完善、不齐全，造成采掘工作面停产将追究负责安装、施工单位负责人责任。

（4）井下各产尘地点防尘设施不齐全和不正常使用的；巷道有厚度超过 2 mm、连续长度超过 5 m 的煤尘堆积的；未按综合防尘检查表内容进行检查的；采掘工作面不设专职防尘员的，将追究相关人员和负责人的责任。

（5）在上级各类检查中，凡因综合防尘挂红、黄牌的将追究相关人员的责任。

（七）奖惩办法

巷道刷白和冲刷要有记录可查、通风区每旬要上报，矿总工程师每月对上述冲洗巷道情况进行检查，对未按上述制度执行者，进行经济制裁，对执行制度好的给予表扬或奖励。

（八）综合防尘技术培训和宣传教育制度

认真办好煤矿职工教育。采取各种办法，有计划、有步骤地对在职职工进行专业技术和管理知识的教育，是做好业务技术知识更新提高职工队伍素质的重要手段。为全面贯彻党的教育方针，适应煤炭工业现代化建设的需要，提高防尘工的专业技术和管理知识水平，对全公司职工普及防尘知识，制定职工培训和教育制度。

（1）为了提高一通三防人员素质，安全部每周组织本单位职工学习《煤矿安全规程》，工种岗位责任制和安全制度等有关防尘方面的知识，由技术员负责讲解，部长定期督促检查。

（2）对专业工种进行定期脱产培训，爆破员、测尘员及专业防尘工每年培训两次，每期 3~5 天，培训内容包括：理论知识、所使用仪器仪表的操作、维修、保养、故障排除等，必须做到应知应会，每期培训后要进行一次统一考试，考试合格才能上岗，考试成绩优秀者记入档案，作为评奖晋级的依据，考试不合格的，不能单独顶岗操作，并限期补考。

（3）要定期组织技术大练兵，组织多种形式的比专业知识、比操作技能的竞赛活动，对竞赛中涌现出的技术能手要给予表扬和物质奖励。

（4）对接尘人员（主要指采掘队人员）每半年进行一次防尘安全知识讲座，使广大职工真正认识到粉尘的危害性，使防尘工作变为广大职工的自觉行动，真正把防尘工作做到实处，防止煤尘事故的发生，保障职工的身心健康。

三、综合防尘管理

（1）矿井必须建立完善的防尘供水系统，防尘管路的安装符合《煤矿安全规程》要求，没有防尘供水管路的采、掘工作面不得生产，其他需要设置防尘设施的，如溜煤眼、采煤机、综掘机、转载点等需要防尘地点防尘设施不齐全的不准运转。

（2）采煤、掘进、运转、运输、通风各单位的防尘管理区域划分按照采矿公司有关规定执行。各单位负责本责任区域内的防尘管路的敷设及三通阀门、挡尘帘、水质净化器、风水炮弹的安装，并负责日常维护和防尘工作。

（3）采、掘工作面必须采用湿式钻眼，爆破前后必须洒水，冲刷煤帮、岩壁和爆破地点及其附近 30 m 洒水灭尘，使用软质炮泥和水炮泥，采掘（煤及半煤岩）工作面回风侧应设置挡尘帘，掘进工作面后方每班要进行 300 m 辅助隔爆洒水等。

（4）采煤工作面综合防尘设施安设标准：工作面回风巷距工作面 30 m 和 50 m 处分别安设一道挡尘帘和净化喷雾装置，工作面回风巷与采区回风巷连接处安设一道挡尘帘和净化喷雾装置，工作面上下两巷防尘管路两端分别安设水质净化器，工作面上下两巷进口防尘管路安设水压表，运煤转载点安设挡尘罩和自动喷雾装置，轻放支架前后分别安设喷雾装置实现放煤和移架自动喷雾，工作面进风巷距工作面 30~50 m 处安设一道净化喷雾，采煤机安设有效的内外喷雾装置（外喷雾使用风水喷雾装置），工作面运料巷防尘管路每

100 m 安设一个三通阀门，刮板输送机道每 50 m 安设一个三通阀门，工作面运料巷和刮板输送机道分别备有一条长度不少于 50 m 和 25 m 的专用洒水胶管。

（5）掘进工作面综合防尘设施安设标准：距掘进工作面 30 m 和 50 m 处分别安设一道挡尘帘和净化喷雾装置，掘进工作面与采区回风巷连接处安设一道挡尘帘和净化喷雾装置，距工作面不超过 10 m 安设一道爆破风水喷雾装置，工作面防尘管路两端分别安设水质净化器，工作面独巷口防尘管路安设水压表，工作面运煤转载点安设挡尘罩和自动喷雾装置，掘进机安设有效的内外喷雾装置（外喷雾使用风水喷雾装置），掘进工作面防尘管路每 100 m 安设一个三通阀门（使用带式输送机运输时每 50 m 安设一个三通阀门），掘进工作面备有一条长度不少于 50 m 的专用洒水胶管（使用带式输送机运输时备有长度为 25 m）。

（6）采煤机必须安装有效的内外喷雾装置，截煤时必须喷雾降尘，内喷雾压力不得小于 2 MPa，外喷雾压力不得小于 1.5 MPa。如果内喷雾装置不能正常喷雾，外喷雾压力不得小于 4 MPa。无水或喷雾装置损坏时必须停机。

掘进机作业时，应使用内外喷雾装置，内喷雾装置的使用水压不得小于 3 MPa，外喷雾压力不得小于 1.5 MPa。如果内喷雾装置的使用水压小于 3 MPa 或无内喷雾装置，则必须使用外喷雾装置和除尘器。掘进喷雾装置不能正常使用时必须停机。

（7）隔爆设施的安装地点、数量、水量及安装质量必须符合《煤矿安全规程》和公司有关规定，通风区管理人员及防尘人员必须每周检查一次综合防尘情况，并做好记录，瓦斯治理科、安监处检查监督落实情况。

（8）各有关单位必须按以下要求定期冲洗巷道煤尘，确保无煤尘堆积现象：主要运输大巷由运输区负责每半年至少刷白一次，每月至少冲水一次；主要回风巷和采区回风巷由通风区负责至少每月冲水一次；采掘工作面范围内的巷道由生产单位负责每天冲洗一次，综合机械化采掘工作面和放顶煤工作面责任范围内的巷道必须每班至少冲洗一次；采区带式输送机巷和主运输带式输送机巷由机电区负责每周至少冲洗一次，带式输送机头前后 20 m 范围内巷道每天冲洗一次；机电硐室由机电区定期清扫粉尘和刷白。各有关单位冲洗、刷白、清扫煤尘等工作都要留有记录。

（9）通风区负责对各单位防尘工作进行监管，瓦斯治理科、安监处负责对各单位防尘工作进行监督检查。

（10）每月由安监处组织生产技术部、通风区及有关单位参加的综合防尘大检查，对查出的问题由安监处负责按照经济责任制对责任单位进行考核，并用联系单形式下达到责任单位，责令限期解决，且留有记录备查。

（11）隔爆设施的安装地点、数量、水量及安装质量必须符合《煤矿安全规程》的要求，通风区防尘人员必须每周检查一次，并做好记录，安监处应检查监督落实情况。

（12）定期进行矿井粉尘的分析、化验、测定工作。粉尘分散度每半年测定一次，游离二氧化硅每半年测定一次。并且必须按规定定期测定全尘和呼吸性粉尘，配备符合国家标准的测定仪。测尘旬报和游离二氧化硅、粉尘分散度和各种测定结果，必须按时报送公司经理、总工程师和集团公司通防部。

（13）处罚。①采掘工作面或其他通风巷道出现煤尘堆积（堆积煤尘厚度超过 2 mm，连续长度大于 5 m）时每 10 m 扣责任单位××元、扣责任单位行政正职和主管副区长各

××元；②防尘管路安装不符合标准要求，每缺少一个三通阀门、阀门配件不全或其他防尘设施不全扣责任单位××元/个；③采掘工作面或其他通风巷道未按规定安设防尘管路，每百米扣责任单位××元，并扣责任单位主管副区长××元，责任单位行政正职罚款××元；④挡尘帘设置位置不合理、不完好、未封闭全断面或喷雾不到位扣责任单位当班班长××元/道，并扣责任单位主管副区长××元，扣当班检查员××元；⑤未按规定定期进行巷道刷白或冲尘扣责任单位××元/百米，并扣责任单位主管副区长××元/百米，责任单位行政正职罚款××元/处；⑥巷道刷白、巷道冲尘无记录或记录不全扣责任单位主管副区长××元；⑦不按规定对回采工作面进行煤层注水，发现一次对责任人扣款××元，并扣责任单位主管副区长××元，扣当班瓦斯（检查）员××元；⑧责任区域粉尘浓度超限按矿安全奖罚条例和有关规定执行。

四、测尘管理

（1）测尘人员必须是经过专门技术培训合格，并取得岗位操作资格证书，熟练操作测尘仪器。

（2）测尘人员入井前将所使用的仪器、仪表及工具检查一遍是否齐全、合格，并做到妥善保管。

（3）按规定巡回测定煤尘浓度，并做到数据准确，采样点、测尘点符合要求，否则有一项罚责任人××元。

（4）各种记录齐全、清楚，台账、日报填写上报及时，否则一次罚款××元。

（5）对井下产尘浓度严重超标的地点检查员要及时向有关领导汇报，提出防尘措施并有权要求生产单位采取防尘措施。发出严重超标而不汇报的，对检查员罚款××元/次。

（6）及时了解井下各产尘点粉尘数量、生产工艺及防尘措施落实等情况，发现问题及时汇报处理。

（7）每月25—30日制定下月测尘计划，对各产尘点每月至少测定两次，达不到要求罚责任者××元。

（8）每月5日前测尘人员必须将上月所有测尘结果报区、矿领导及集团公司通防部。

五、接尘作业人员的健康监护

《煤矿安全规程》规定，有下列病症之一的，不得从事接尘作业：

（1）活动性肺结核病及肺外结核病。

（2）严重的上呼吸道或者支气管疾病。

（3）显著影响肺功能的肺脏或者胸膜病变。

（4）心、血管器质性疾病。

（5）经医疗鉴定，不适于从事粉尘作业的其他疾病。

煤矿企业必须按照国家有关规定，对从业人员上岗前、在岗期间和离岗时进行职业健康检查，建立职业健康档案，并将检查结果书面告知从业人员。

其目的是为了及时发现职业病病情，做到早诊断、早治疗，防止职业病继续发展恶化。同时规定对检查出的职业病患者，煤矿企业必须按国家规定及时给予治疗、疗养和调离有害作业岗位，并做好健康监护和职业病报告工作。

接触职业病危害从业人员的职业健康检查周期按下列规定执行：接触粉尘以煤尘为主的在岗人员，每2年1次；接触粉尘以矽尘为主的在岗人员，每年1次；经诊断的观察对象和尘肺患者，每年1次；接触噪声、高温、毒物、放射线的在岗人员，每年1次；接触职业病危害作业的退休人员，按有关规定执行。

对职业性健康检查、职业病诊所、职业病治疗应在取得相应资格的职业卫生机构进行检查，确保职业健康检查的正确性和有效性。

六、建立健全煤炭企业职业健康质量保证体系

为保障国家法律和各项方针政策的顺利贯彻实施，企业必须紧密结合自身实际以及相关规章制度，建立煤炭企业职业健康质量保证体系。归纳起来有以下几个方面：

（1）企业职业健康管理条例。

（2）职业健康目标责任制与考核指标。

（3）职业健康的"三同时"管理制度。

（4）职能部门的职业卫生职责范围与分工。

（5）职业性健康监护办法。

（6）职业健康防护设施管理办法。

（7）职业健康监督委员会工作职责。

第三节 防尘技术措施及防尘制度范例

一、综掘工作面粉尘控制技术

（一）新型除尘器

1. 自激式水浴水膜除尘器

自激式水浴水膜除尘器结构示意图如图7-1所示，含尘气体由进风口进入除尘器转弯向下的导流叶片冲击水面，较大的尘粒由于惯性作用落入水箱中，而较小的尘粒随气流以较高速度通过上导流叶片间的弯曲通道时，与激起的大量水滴充分碰撞而被捕获沉降。含尘含水的气流又在离心力的作用下，在除尘器内壁和上下导流叶片上形成一定厚度的水膜，将尘粒捕集下降。再由脱水器除掉气流中的水滴水雾后，经轴流风机排出到巷道中。这种除尘器具有水浴、水滴、离心力产生水膜3种除尘功能。另外被水滴捕集落入水箱里的粉尘，沉积到水箱底部或随气流冲击不断搅动，当水箱中浓度达到一定值后，通过排浆阀定期排出，并冲洗水箱，由供水管补流新水。

2. 湿式旋流除尘器

KCS系列湿式旋流除尘器兼有通风和除尘双重功能，主要适用于煤矿井下粉尘比较集中的产尘作业点含尘空气就地净化，并能部分消除气体中的有毒有害成分，使作业环境符合工业卫生标准，保证矿工的身体健康及矿井安全生产。

KCS系列湿式旋流除尘器主要由混合室、净化室、风机、脱水装置四部分组成，其结构如图7-2所示。其结构件均用钢板焊接而成，各段风筒由法兰盘螺栓连接，采用叶轮与电机直联方式。该机结构紧凑，坚固耐用，使用安全，维护方便。

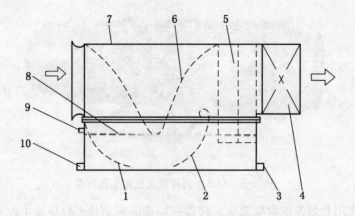

1、2—下导流叶片；3—排浆阀；4—轴流风机；5—脱水器；
6—上导流叶片；7—外壳；8—水面；9—注水孔；10—水箱
图7-1 自激式水浴水膜除尘器结构示意图

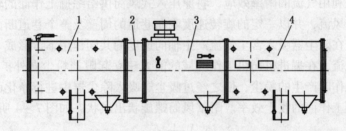

1—混合室；2—净化室；3—风机；4—脱水装置
图7-2 KCS系列湿式旋流除尘器示意图

该系列除尘器抛弃只有使用过滤器捕获粉尘才能达到尘气分离、净化空气的技术路线，利用空气动力特性具有潜在的分离气载粉尘的能力将粉尘分离捕获，即叶轮后的气流，在螺旋状前进时（即气流沿机体外壳之内壁作螺旋运动）呈空心锥体状，中心部分的气流都能流向边界，极有利于其强大的离心力分离气载粉尘。根据气流的这种空气动力特性，研制成本系列除尘风机，其除尘功能完全由自身的技术特征所确定，不需要附加复杂的除尘过滤装置，解决了现有的同类产品在现场使用中滤网极易堵塞，滤网一堵塞，除尘效率明显下降，甚至失去使用价值这一困扰多年的技术难题，减小了除尘系统阻力，提高了除尘效率，更能满足现场需要。该除尘器的外观如图7-3所示。

（二）附壁风筒控尘措施

针对长压短抽通风除尘系统的缺点，在压入式风筒前增加附壁风筒，利用气流的附壁效应，将原来压入式风筒供给综掘工作面的轴向风流改变为沿巷道壁旋转风流，并以一定的旋转速度吹向巷道的周壁及整个巷道断面，不断向掘进工作面推进，来解决巷道中的吸尘盲点，进一步降低巷道内粉尘的污染问题。

1. 附壁风筒控尘原理

从附壁风筒出来的风流属于贴附平面紊动射流，风流沿着巷道壁面运动的过程中，由

图 7-3　KCS 系列湿式旋流除尘器外观

于巷道壁面的作用和射流的附壁效应，使得它原来的流动状态被迫发生改变，导致在巷道内形成一个中心气压低的卷吸流场。同时，在抽出式风机的作用下，涡旋的中心气流将向着掘进面推进，在掘进机司机的前方形成一个旋转风幕，防止掘进机工作时产生的粉尘向外扩散。

　　附壁风筒是利用气流的附壁效应，将原压入式风筒供给综掘工作面的轴向风流改变为沿巷道壁的旋转风流，并以一定的旋转速度吹向巷道的周壁及整个巷道断面，并不断向机掘工作面推进，在除尘器吸入含尘气流产生轴向速度的共同作用下，形成一股具有较高功能的螺旋线状气流，在掘进机司机工作区域的前方建立起阻挡粉尘向外扩散的空气屏幕，封锁住掘进机工作时产生的粉尘，使之经过吸尘罩吸入除尘器中进行净化而不外流，从而提高了巷道综掘工作面的收尘效率。附壁风筒螺旋状出风状态如图 7-4 所示。

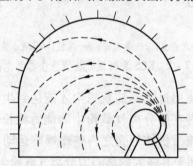

图 7-4　附壁风筒螺旋状出风状态示意图

　2. 附壁风筒的结构

　　附壁风筒的结构，根据使用地点生产技术条件的差异（巷道断面大小、供风量大小、除尘器配套方式等），通常分为螺旋出风附壁风筒、径向出风附壁风筒和带有螺旋器的软质附壁风筒 3 种。

　1）螺旋出风附壁风筒

　　沿巷道螺旋出风的附壁风筒是狭缝段长 2000 mm、直径 600 mm 的铁风筒，在风筒断面上，有 1/3 的圆周做成半径增大的螺旋线状，形成狭缝状风流喷出口，其有效面积等于压入式风筒的断面积。附壁风筒轴向出风端设计一个蝶阀，并通过连杆与狭缝出口的出风阀门连动，可以利用手动或气动实现轴向经导风筒供风和径向螺旋出风的风流转换。当掘进机工作时，手动或者通过气动控制将阀门关闭，风流即从窄条喷口喷出，将压入的轴向风流改变为沿巷道壁旋转并前移的风流。一般适用于巷道大于 12 m² 的掘进通风。螺旋出风附壁风筒的结构如图 7-5 所示。

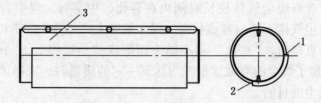

1—狭缝状喷出口；2—出风阀门；3—筒体

图 7-5 螺旋出风附壁风筒结构示意图

2) 径向出风附壁风筒

当巷道断面积小于 12 m² 时，可采用体积小、质量轻、移动方便的沿风筒径向出风的附壁风筒。这种附壁风筒是长 2000 mm、直径 600 mm 的胶皮风筒。这种风筒只能使压入风量的 20% 左右沿轴向喷出，而 80% 的风量则通过风筒壁上开的小孔径向出风。由于附壁风筒将普通风筒向巷道轴向供风方式改变为径向出风向工作面方向螺旋前进的供风方式，利用附壁效应大大地降低了沿巷道轴向的风流速度，增大了巷道边沿区域风流速度，从而使巷道断面上的风流分布趋于均匀。径向出风附壁风筒的结构如图 7-6 所示。

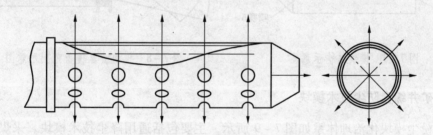

图 7-6 径向出风附壁风筒结构示意图

3) 带有螺旋器的软质附壁风筒

由橡胶布与金属骨架制成，是新型产品，螺旋器紧连着附壁风筒，当轴向风流经过螺旋器时，便转化为旋转风流，因此风流一进入附壁风筒，便立即成为螺旋风流向外排出，可用于任何巷道断面的综掘工作面。

(三) 掘进机外喷雾粉尘控制措施

1. 中压喷雾降尘技术

所谓中压喷雾，指水压在 3~6 MPa 这个范围内。常规喷雾降尘的机理为惯性碰撞、重力沉降、拦截捕尘与扩散捕集。喷雾喷出的液体雾粒与固态尘粒的惰性凝结过程使尘粒湿润，自重增加且沉降，这叫做重力沉降。其次，由于流线不能突然折转，当风流携带尘粒向水雾粒运动并离开雾粒不远时就要开始绕流水雾运动。风流中质量较大、颗粒较粗的尘粒因惯性的作用会脱离流线而保持向雾滴方向运动。如不考虑尘粒的质量，则尘粒将和风流同步，因尘粒有体积，粉尘粒质心所在流线与水雾粒的距离小于尘粒半径时，尘粒便会与水雾滴接触被拦截下来，使尘粒附着于水雾上，这就是拦截捕尘作用。细微粉尘，特别是直径小于 0.5 μm 的粉尘，由于布郎扩散作用，可能被水雾粒捕集，即扩散捕集。上述综合作用，就是喷雾降尘机理。由若干个高效雾化喷嘴向尘源喷射水雾，含有煤尘气体较长时间内在雾化区中穿行，煤尘有了充足的机会与雾化液接触，含煤尘气体不断与雾点相碰，煤尘被带上"水珠"。带上"水珠"的煤尘在运动中与其他雾点碰撞，"水珠"由小结大而形成"小微团"，"小微团"经碰撞结成"大微团"，增加了煤尘的有效质量，当达到一定的质量时，大微团从气流中被沉降下来，从而达到降尘的目的。

2. 喷雾模块的结构设计

该模块主要考虑到模块的集中度，将 6 个喷嘴集中到一起，并通过调整喷嘴的安装角度使每一个喷嘴都充分发挥作用，将截割头完全包裹住，其结构如图 7-7 所示。模块喷雾覆盖范围如图 7-8 所示。

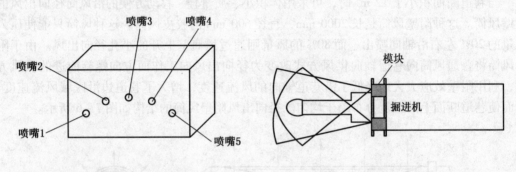

图 7-7 模块结构示意图   图 7-8 模块喷雾覆盖范围示意图

二、矿井综合防尘技术模块

矿井粉尘模块化治理体系如图 7-9 所示，主要包括通用降尘技术模块、采煤工作区产尘模块、掘进工作区产尘模块、运输工作区产尘模块及其他工作区产尘模块。

三、旬邑县中达燕家河煤矿综掘工作面综合防尘装置布置

水射流负压除尘器是北京煤科院研究生产的一款高效除尘设备，原理就是使用高压喷雾形成的负压引导污浊空气进入风机内部，粉尘会在通过高压喷嘴时充分和水雾结合，通过导叶使风流方向发生偏转，沾满粉尘的水雾在离心力作用下沾到滤网上完成除尘过程。水射流负压除尘器及配套设施布置如图 7-10 所示。水射流除尘器的特点如下：

（1）采用 3 个负压管引导风流，一个大直径的风筒和导叶处理水雾和粉尘，处理风量大，通过泵站压力的调整可以控制风量大小，使用简单。

（2）采用小功率泵站压力水作为动力，自身无转动部件，不产生摩擦和电火花，安全可靠，除尘效率高，节省电力。

（3）结构简单，质量小，噪声低，安装移动方便。

（4）各种环境基本都可以使用，维护维修简单。

（5）水射流负压除尘器的动力源自 3ZSB49 型喷雾泵站，电机功率为 15 kW，工作压力为 13 MPa。

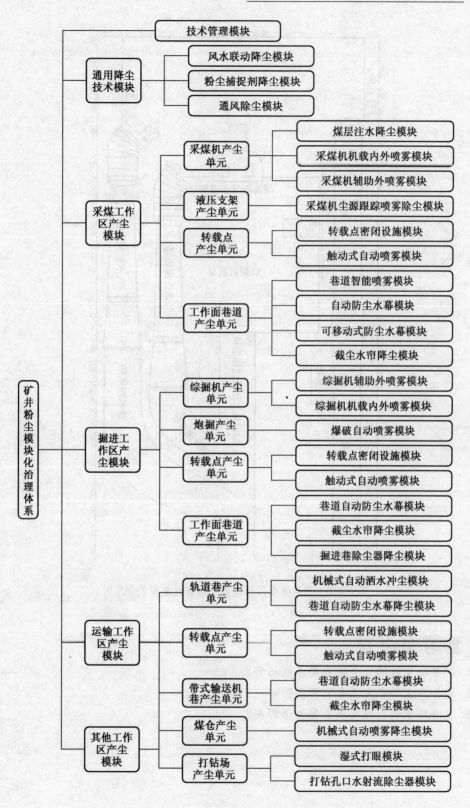

图 7-9　矿井粉尘模块化治理体系

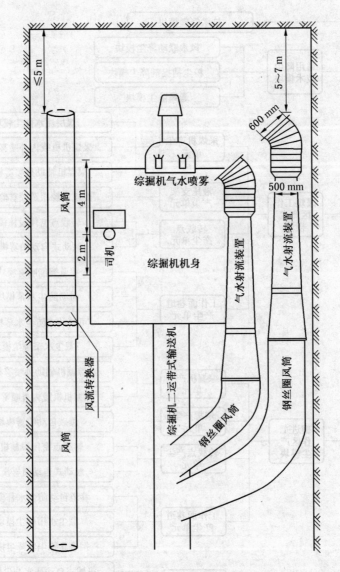

图7-10　水射流负压除尘器及配套设施布置示意图

复习思考题

1. 矿井粉尘防治安全检查要点包括哪些?

2. 综合防尘的规定主要有哪些?

3. 矿井粉尘的检测要求主要包括哪些?

第八章 矿井粉尘事故案例分析

第一节 矿井粉尘事故案例分析

一、事故分析的目的

通过对众多煤尘爆炸事故的分析，可以从中寻找引起事故的原因，发现现场管理的漏洞，从而使得现场管理能抓住要害，管到要点，并通过事故分析达到"吃一堑，长一智"的学习效果，能使我们在煤尘爆炸事故防治中掌握更大的主动权，提高我们对煤尘爆炸事故的防范能力。

二、事故分析的要求

要想很好地对事故进行分析，从中吸取有益的教训，提高现场管理能力、对事故的防范能力，就要求在学习过程中对事故矿井的概况进行深入分析研究，看是否存在事故防治的先天不足，多方面、多角度地对矿井概况进行分析。要带着问题分析事故，分析事故的发生原因，包括其社会原因、直接原因、间接原因、技术原因、管理原因、职工的心理、生理等方面的原因，尤其是对现场管理和事故防治方面存在的问题要揭示出来。

三、事故分析的过程及重点

事故分析过程中，要认真进行学习，从概况到事故发生过程，从事故发生的原因到现场管理及防治事故制度、措施的失误，从社会因素到职工个体因素，一一进行详细分析，当然重点是将现场操作过程中不安全的行为作为重点分析内容，对不安全行为从行为的形成原因、背景、条件等方面进行剖析，重点找出现场管理的失误点，导致事故发生的触发点，防范事故发生的关键点。通过事故分析学习，还应对该类事故进行总结，总结该类事故的特点、规律以及防范的重点。例如对一个时期85起重大瓦斯事故的综合分析，其中煤尘爆炸事故7起，占8.2%。这7起煤尘爆炸事故，有5次发生在采煤工作面，1次在掘进工作面，1次在巷道。引起煤尘飞扬的主要原因：分段爆破扬起煤尘4次，行人走动引起积聚煤尘飞扬1次，压风管吹起煤尘1次，无洒水降尘措施1次。从引起爆炸的火源看，爆破5次，其中裸露爆破2次，封泥不足1次，放连珠炮2次；摩擦火花1次；自然发火1次。违章爆破，炮眼不装或少装炮泥，有的用煤粉、矸石代替炮泥，用多母线爆破，裸露爆破，放连珠炮等。有的矿虽然分上下段爆破，但两段爆破间隔时间很短，爆破第一段时，把煤尘振起，瓦斯大量增加，接着第二段又爆破，装药不合要求引起爆炸。7次煤尘爆炸事故有5次是爆破引起的，占71%。

第二节　矿井粉尘事故典型案例

一、山东某矿煤尘爆炸事故

某年 6 月 30 日 16 时 35 分，某煤矿 331 四分层采煤工作面发生了煤尘爆炸事故，死亡 39 人，重伤 3 人，轻伤 5 人，少生产煤炭 11631 t，直接损失达 30.97 万元。该矿煤尘爆炸事故如图 8 – 1 所示。

1. 矿井概况

该矿开采二叠系山西组第三煤层，煤层厚度为 10 m 左右，煤层倾角为 0° ~ 10°。属低瓦斯矿井，采用走向长壁倾斜分层下行陷落采煤法。

331 四分层工作面长 132 m，采高 1.8 m，倾角 4°，煤层具有自燃倾向和煤尘爆炸危险，爆炸指数为 38.25%。工作面直接顶为 2 ~ 2.5 m 厚的页岩夹石层，底板为煤。采用爆破落煤开采，早、中班生产，夜班整修。四分层运输巷有防尘水管，溜煤眼上口有喷雾头，但未使用，回风巷和工作面无洒水设施。事故前实测回风量为 358 m^3/min，瓦斯含量为 0.01% ~ 0.36%。

2. 事故经过

6 月 30 日中班，5 名爆破员提前下井，领 120 kg 炸药、360 发雷管，分别放在工作面上出口附近和下出口的安全硐内。中班接班后，对早班没放完的地段继续爆破，于 16 点 35 分工作面发生煤尘爆炸事故，在南石门变电所的电工和掘进工人发现后，当即向矿调度室汇报。随后，该工作面的送饭工、南石门输送机司机及跟班技术员带伤走出险区。16 点 46 分调度室接到电话后，立即通知驻矿救护队下井抢救。

3. 事故原因

(1) 中班出勤的 5 名爆破员，有 3 人在工作面分 3 个段同时爆破，其余 2 人在上下出口附近装配引药。两段之间相距仅 15 m 左右，当第一段爆破第一炮后，引起工作面大量的煤尘飞扬。

(2) 炮眼的封泥过少，仅为 30 ~ 70 mm。在下出口以上 48 ~ 50 m 处有两个残眼，其中一个深约 100 mm，且无炸药，另一个有残余炸药，说明炮眼未充分爆炸，有抽炮现象，产生了火焰。风流中的高浓度煤尘云和第二个炮造成的悬浮煤尘，遇到火焰而爆炸。

事故后，在 44.5 m 处发现一木梁底面留有明显的支柱下滑擦痕，在 54.4 m 处有一金属支柱出现横向断裂，在 46.5 m 附近发现两架顺山棚的棚梁北端有焦痕，在 52 m 处发现一架顺山棚的棚梁南端有焦痕。因此，可以认为爆源在 46 ~ 52 m。

综合分析，爆源点在 48 ~ 50 m 处，爆炸原因是爆破时抽炮产生火焰，引起煤尘爆炸。

4. 事故教训

(1) 炮眼封泥过少发生"抽炮"，分段爆破相距过近，且同时连续爆破，是这次事故必须接受的教训。

(2) 工作面没有防尘措施。运输巷虽有防尘设施但未使用。

(3) 火药管理混乱，没有分别存放雷管和火药的专用箱，放置火药的安全硐正对着工作面，当工作面发生爆炸时，冲击波和火焰引起雷管、炸药殉爆，从而扩大了灾情。

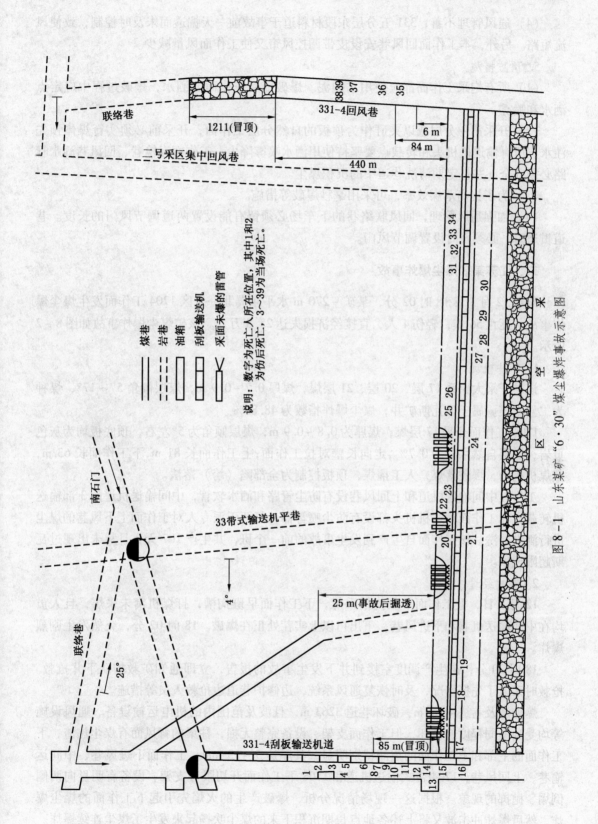

图 8-1 山东某矿 "6·30" 煤尘爆炸事故示意图

联络巷

二号采区集中回风巷

331-4回风巷

1211(冒顶)

440 m

84 m

6 m

38 39 37 36 35

31 32 33 34

30 29 28 27 26 25 24 23 22 21 20 19 18 17 16 15 14 13 12 11 10 9 8 7 6 5 4 3 2 1

采 空 区

南石门

33带式输送机平巷

25 m(事故后掘透)

联络巷

25°

4°

331-4刮板输送机道

85 m(冒顶)

煤巷
岩巷
油箱
刮板输送机
采面未爆的雷管

说明：数字为死亡人所在位置，其中1和2
为伤后死亡，3~39为当场死亡。

（4）通风管理不善，331 五分层东段材料道于事故前一天掘透而未及时控制，致使风流短路。另外，本工作面回风巷安设皮带调控风帘又使工作面风量减少。

5．预防措施

（1）所有炮采工作面都应使用水炮泥。爆破前后工作面要洒水，爆破过程中应定点洒水和喷雾。

（2）开采第一分层或以夹矸作为顶板的自然分层工作面，开采前必须实行煤体预先注水。所有输送机机头和转载点要坚持使用洒水喷雾降尘。工作面运输巷、回风巷洒水管路必须齐全，并且定期清洗巷道中的沉积煤尘。

（3）为了提高落煤效率，可采用毫秒爆破等措施。

（4）加强通风管理，回风联络巷的下车场必须留有能设置两道调节风门的长度。巷道贯通时，必须及时设置调节风门。

二、江苏某矿煤尘爆炸事故

某年 12 月 8 日 18 时 02 分，某矿 −270 m 水平东翼北一采区 1704 工作面发生煤尘爆炸事故，死亡 56 人，轻伤 4 人，直接经济损失达 25.8 万元。该矿煤尘爆炸事故如图 8 −2 所示。

1．矿井概况

该矿开采太原系 17 层、20 层、21 层煤，煤厚 0.7 ~0.9 m，煤层倾角 5°~17°，煤种为二号肥煤。属于低瓦斯矿井，煤尘爆炸指数为 48.85%。

1704 工作面开采 17 层煤，煤厚为 0.8 ~0.9 m，煤层倾角为 5°左右，顶底板均为灰色页岩，煤层自然水分为 0.7%，走向长壁对拉工作面，上工作面长 81 m，下工作面长 63 m，截煤机掏槽，爆破落煤，人工攉煤，顶板控制为全部陷（垮）落法。

工作面中间输送机道和上回风巷设有防尘管路和洒水软管，中间输送机道的 3 部输送机转载点和工作面输送机机头都设有防尘喷雾器，每两天派专人对工作面上下风巷的煤尘进行洒水冲洗。该工作面自生产到发生事故的前一个班，共生产 107 天，且从未出现过瓦斯超限现象。

2．事故经过

12 月 8 日，上工作面早班掏槽采煤，下工作面早班掏槽，打煤机窝未采煤，且人员均在中间输送机巷和下进风巷，下出口以上实茬处正在爆破。18 时 02 分，突然发生剧烈爆炸。

18 时 20 分，矿生产调度室接到井下发生事故的报告，立即通知矿救护队下井抢救。抢救时采取了先探情况，及时恢复通风系统，边修护巷道边抢救人员等措施。

爆炸波及巷道 4862 m，破坏巷道 3263 m，且波及范围内的机电运输设备、通风设施等均受到不同程度的破坏，但工作面支架、设备完整无损，柱梁的背风面有煤尘焦渣，下工作面的上部和上工作面的焦渣特别明显，其厚达 5 ~13 mm。工作面下进风巷、中间运输巷、上回风巷，1704 带式输送机道和 1708 下工作面开切眼等支架、设备有明显向两侧倒塌、抛掷的现象。根据这一现场情况分析，爆破产生的火焰先引起下工作面的煤尘爆炸，然后爆炸冲击波又将上述各地点长期沉积下来的煤尘吹扬起来发生了煤尘连续爆炸。

3. 事故原因

（1）爆破方面。1704 工作面在放实茬炮时，采用四芯线一次连 2～3 个炮短间隔分放的方法，引起煤尘飞扬。同时，炮眼封泥长度过小，仅有 30～50 mm，因此，爆破时出现火焰，引起煤尘爆炸。

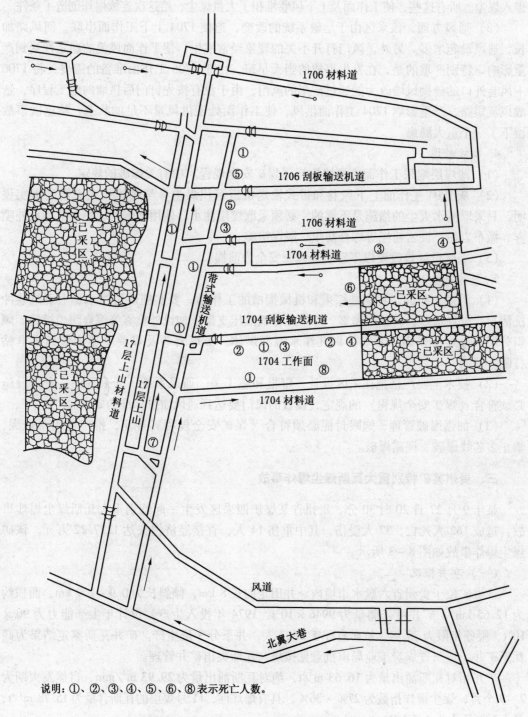

说明：①、②、③、④、⑤、⑥、⑧表示死亡人数。

图 8-2　江苏某矿"12·8"煤尘爆炸事故示意图

（2）煤尘方面。该工作面煤层水分低，煤质干燥，悬浮煤尘很大，特别在截煤机掏槽和攉煤粉时更为严重。而该工作面没有实施煤层注水，截煤机既没有内喷雾也没有外喷雾，爆破也没有用水炮泥，工作面内没有采取任何防尘措施。同时，工作面上下风巷虽采取了洒水冲洗措施，但沉积下来的煤尘没有扫清。工作面下进风巷跨越1704运输巷，风流中带入煤尘。所有这些，使工作面及上下风巷堆积了大量煤尘，给这次连续爆炸创造了条件。

（3）通风方面。该采区由于运输系统的改变，迫使1704上下工作面串联，回风路加长，通风设施增多。另外，风门打开不关的现象经常发生，使工作面风流的稳定性受到严重影响。特别严重的是，在发生事故的当天早班，由于1706工作面准备的需要，将1706下风巷外口的砖砌风墙改为能通过矿车的风门，由于没有按先钉门后扒墙的施工程序，造成风流短路，严重影响1704工作面供风，使工作面处于供风量不足的状态，给这次事故留下了一个重大隐患。

4. 事故教训

（1）薄煤层炮采工作面应严格执行《煤矿安全规程》中有关爆破的规定。

（2）从1704工作面上下风巷和带式输送机道沉积煤尘参与爆炸扩大灾情的事实说明，只采取洒水灭尘的措施是不够的，必须采取煤层注水、使用水炮泥、割煤机加设外喷雾、撒布岩粉、设岩粉棚等综合防尘、隔爆措施。

（3）采区设计修改要以不影响通风、安全为前提。

5. 预防措施

（1）采煤工作面，特别是综采和机械掏槽的工作面，要实施煤层注水、上下风巷冲洗清扫、设置水幕、转载点喷雾、综采工作面液压支架下加设外喷雾等综合防尘措施。倾斜分层下分层工作面，要坚持短孔注水湿润煤体。半煤岩巷及煤巷要逐步做到煤电钻打眼。

（2）技术上要严格把住采区设计、审批和施工关。通风系统、开采程序、安全设施必须符合《煤矿安全规程》的规定，设置的风门要达到通风质量标准的要求。

（3）加强爆破管理，炮眼封泥必须符合《煤矿安全规程》规定，推广使用水炮泥，禁止多芯线爆破、裸露爆破。

三、贵州某矿特别重大瓦斯煤尘爆炸事故

某年9月27日20时30分，贵州省某煤矿四采区发生一起特别重大瓦斯煤尘爆炸事故，造成162人死亡，37人受伤，其中重伤14人，直接经济损失达1227.22万元。该矿煤尘爆炸事故如图8-3所示。

（一）矿井概况

该煤矿位于贵州省六盘水市境内。井田走向长8 km，倾斜长为0.9~1.9 km，面积约为12.65 km^2。矿井可采储量为9946×10^4t，1974年投入生产，设计年生产能力为90×10^4t，服务年限为79年。该矿有职工2627人，井下分3班生产。矿井瓦斯鉴定结果为高瓦斯矿井，贵州省煤炭工业局审批意见按煤与瓦斯突出矿井管理。

矿井相对瓦斯涌出量为16.63 m^3/t，绝对瓦斯涌出量为29.93 m^3/min，自然发火期为7~9个月，煤尘爆炸指数为27%~36%，具有爆炸性，11号煤层的瓦斯含量为15.78 m^3/t，最大瓦斯压力为1.6 MPa。

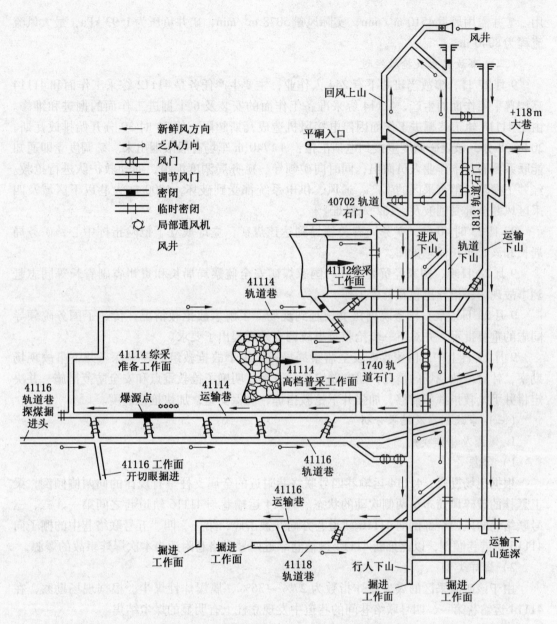

图例说明：
- → 新鲜风方向
- → 乏风方向
- 风门
- 调节风门
- 密闭
- 临时密闭
- 局部通风机

风井

图8-3　贵州某矿"9·27"煤尘爆炸事故示意图

　　井田采用走向平硐开拓，只有一个水平，即+1800 m水平，水平内有8个采区，为单水平上、下山开采。现开采的是第四采区，走向长3 km，倾斜长1.4 km。主要可采煤层为3号、7号和11号煤层，其中11号煤层厚2~3.2 m，平均倾角为9°。四采区为3条集中下山开拓，其中运输下山和通风行人下山进风，轨道下山回风。在采区的西翼共布置2个采煤工作面（41112综采工作面、41114高档普采工作面）、1个综采准备工作面（41114）和6个掘进工作面（41116轨道巷、41116运输巷、41116开切眼、41118轨道巷、四采区通风行人下山及联络巷）。

　　该煤矿通风方式为抽出式，采用2台TZK58N928型轴流式风机，一台运转，一台备用。矿井需用风量 4510 m³/min，实际风量 5078 m³/min，矿井负压为 1.93 kPa，最大风流流程为 8040 m。

（二）事故发生及抢救经过

9 月 27 日，事故当班井下有 244 人作业，主要生产任务是 41112 综采工作面和 41114 高档普采工作面的生产、41114 综采准备工作面的安装及 6 个掘进工作面的掘进和维修。由于 41116 轨道巷掘进工作面因停电接风机造成瓦斯超限，约 20 时 30 分开始排放瓦斯。20 时 38 分，该煤矿调度室接到电话汇报：+1740 m 车场有股浓烟出来。矿调度立即通知能联系到的井下作业人员撤出，同时向矿领导、矿务局调度汇报，通知救护队进行抢救。经井下探险，整个采区的生产、通风、供电系统都受到破坏，1800 m 大巷以下区域及四采区风井全部受到波及，162 人遇难。

27 日 23 时 40 分，矿务局有关领导到达该煤矿，立即成立了抢险指挥中心，矿务局局长和该矿矿长任总指挥。

9 月 28 日晚，国家经贸委主任、国家煤矿安全监察局局长和贵州省副省长等同志赶到事故现场，指导抢救及善后工作。

9 月 29 日凌晨，国务院副秘书长赶到现场，了解事故抢救情况，传达了国务院领导同志的重要批示，并对下一步抢救及事故调查处理提出了要求。

9 月 29 日上午，国家煤矿安全监察局局长组织事故抢救组的领导深入井下事故现场勘察，针对事故现场的情况，研究制定抢救方案，明确了抢救重点和安全防范措施。并决定将井下抢救指挥部前移，加强井下抢救指挥，确保安全，加快抢救进度。

（三）事故勘察及结果分析

1. 爆源及爆炸类别

1）爆源

根据现场勘察，41114 运输巷四号联络巷附近的金属支柱呈有规律的向两侧倾倒，梁上悬挂的破碎风筒布呈两侧吹动的状态。41114 运输巷与 41116 轨道巷之间第一、二、三号联络巷的风门全部倒向 41116 轨道巷方向并被击碎，第三、四、五号联络巷中的棚子向 41116 轨道巷倾倒，以此推断 41114 运输巷靠近四号联络巷附近为本次爆炸事故的爆源。

2）爆炸类型

由于该矿四采区的煤尘爆炸指数为 27% ~ 36%，属爆炸性煤尘。根据现场勘察，在 41114 运输巷第一、四号联络巷间的巷道中发现立柱上有明显的煤尘结焦。

对 41114 运输巷原煤和爆炸后的结焦煤尘取样进行实验室对比分析，结果 41114 运输巷的结焦煤尘灰分上升 230%，挥发分下降 31.86%。

9 月 28 日 17 时 50 分，41114 运输巷与 41116 轨道巷间的第三、四号联络巷的一氧化碳残存浓度仍高达 0.6%。根据法医尸检报告，这次事故中 84% 的遇难人员是由一氧化碳中毒或窒息造成。煤矿巷道中沉积煤尘厚度达到 0.3 mm 以上时，煤尘吹扬起来后即可达到爆炸浓度，特别是运输巷沉积煤尘极易达到该厚度。从以上事实可以推断，这次爆炸有煤尘参与。

根据爆源瓦斯来源的分析，41114 运输巷第三号联络巷内侧存在瓦斯浓度达到爆炸界限的可能，而其外侧处于进风流之中，无瓦斯爆炸的可能。但从爆炸范围和爆炸威力的实际情况来看，第三号联络巷与第一号联络巷之间均属于爆炸范围。据此推断，这次爆炸属瓦斯爆炸引起部分煤尘参与的爆炸事故，41114 运输巷第三号联络巷内侧以瓦斯爆炸为主，外侧以煤尘参与爆炸为主。

2. 事故波及范围及爆炸强度分析

1）火焰波及范围和传播范围

一路由 41114 运输巷引爆点（四号联络巷附近）、41114 运输巷、41114 准备工作面、41114 轨道巷，经 41114 轨道石门至轨道下山尖灭。在该段巷道内共死亡 51 人，其中 50 人有不同程度的烧伤。

一路由引爆点通过 41114 运输巷至进风行人下山后逐渐尖灭，部分进入 41114 补运输巷后尖灭。在该段巷道内死亡 13 人，均有不同程度的烧伤。

一路由引爆点经联络巷进入 41116 轨道巷（经现场勘察，联络眼的风门均由 41114 运输巷向 41116 轨道巷方向炸开），并经石门进入轨道下山后逐渐尖灭。由于该段巷道中无人工作，故没有人员伤亡。

2）冲击波波及范围

根据井下风门损坏、巷道冒落、设备损坏、人员伤亡等情况分析，这次爆炸事故冲击波波及 +1800 m 水平运输大巷以下四采区内的所有巷道，其中以 41114 运输巷、41114 补运输巷、41114 综采准备工作面、41114 轨道巷、41114 高档普采工作面、41116 轨道巷、通风行人下山、运输下山尤为严重。

3）爆炸强度分析

一般根据爆炸火焰速度把爆炸划分为弱爆炸、中等强度爆炸和强爆炸。根据火焰波及范围、巷道破坏状况、风门破坏状态、人员伤亡情况推断，本次爆炸事故属中等强度的爆炸。依据如下：

（1）已经探明的巷道勘测图表明，41114 运输巷冒顶约 1588 m^2，开切眼冒顶约 3066 m^2；41114 轨道巷冒顶约 5242 m^2；41114 高档普采工作面冒顶约 665 m^2；运输下山冒顶 11 处，冒顶长约 82 m，体积约 205 m^3；轨道下山冒顶 1 处，冒顶长约 2 m，体积约 3 m^3；进风行人下山冒顶 6 处，冒顶长约 53 m，体积约 260 m^3。从其破坏程度推断，冲击波压强应在 40 ~ 300 kPa。

（2）从人员伤亡情况分析，机械性损伤（包括爆炸伤、压砸伤等）死亡的有 9 名、爆震伤死亡的有 13 名，其余为烧伤死亡或中毒（CO）、窒息（CO_2）死亡。根据调查取证，距爆源约 1050 m，一名生还人员在强风流的冲击下，被抛出 3 ~ 4 m。计算推断，爆炸冲击力应为其体重的 10 ~ 15 倍。取证证实其着装体重为 60 kg，则需推力为 600 ~ 900 kN。按其受力面 6000 cm^2 计算，冲击压强为 10 ~ 15 kPa。考虑到压力波衰减因素，爆炸源的压强也应在 60 kPa 以上。从一些遇难人员肢体破坏情况来看，所受到的冲击压强也应在 150 kPa 以上。

根据国内外试验和调查数据表明，达到如此规模的爆炸，一般均有煤尘的参与。

3. 引爆火源分析

1）引爆火源

根据对爆源区域现场勘察及相应的调查情况分析，引爆火源很可能是在事故现场违章拆卸矿灯造成的裸露火花。

2）其他引爆火源的排除

在认定的爆源区域内，现场环节比较简单。当时正处于排放瓦斯期间，没有搬运物品的工作；位于四号联络巷附近的一台绞车的电源被闭锁开关分断，处于不工作状态。因此，在此区域内发生的引爆火源是电气火花的可能性最大。但经过对爆源区域内所有电气设备（包括 8 台开关、5 台局部通风机、2 个电缆接线盒、1 台磁石式电话机、1 台绞车和 4 台断电仪）的电气部位进行详查，均没有失爆现象。因此，可以排除电气失爆火花的可能。检验结果如下：

（1）41114 运输巷电气设备检查记录。

检验时间：10 月 7 日 9 时 50 分至 11 时 40 分。

检验地点：该煤矿矿机厂。

距五号联络巷 4.95 m 处，开盖检查电话机，无打火现象。开盖检查接线盒，隔爆面油迹清楚，内线无受热现象。

41114 运输巷回柱绞车开关的大盖隔爆面油迹清楚，小线无受热现象。电源接线盒的隔爆面油迹清楚，小线无受热现象。

41116 轨道巷动力闭锁开关的大盖隔爆面油迹清楚，小线无受热现象。接线盒隔爆面油迹清楚，无打火现象。

新增 41116 轨道巷 28 kW 附加风机开关的大盖隔爆面油迹清楚，小线无受热现象。接线盒隔爆面油迹清楚，小线无受热现象。负荷侧电缆拉脱，小线无受热现象。

41116 轨道巷断电仪 A 主机的隔爆面油迹清楚，小线无受热现象。断电仪 B 主机的隔爆面油迹清楚，小线无受热现象。

41116 轨道巷对旋风机开关，打开大盖检查，隔爆面油存在，接线盒隔爆面油迹清楚，腔内无打火现象。负荷侧接线盒橡皮无受热现象，密封圈无受热现象。

41116 轨道巷对旋风机开关的大盖隔爆面油迹清楚，接线盒无打火现象，橡皮无过热。负荷侧接线盒隔爆面有油迹，电缆绝缘皮柔软，接线无打火现象。

41116 开切眼风机开关的大盖隔爆面油迹清楚，上接线盒无打火现象。负荷侧电缆受力拉脱，接线盒内粉尘清楚，密封圈无受热现象。

41116 开切眼动力闭锁开关的大盖，隔爆面油迹清楚，小线无受热现象。接线盒隔爆面油迹清楚，无打火现象。

41116 开切眼附加风机开关的大盖隔爆面油迹清楚，小线无受热现象。接线盒小线无受热现象。负荷侧接线盒绝缘皮柔软，隔爆面油迹清楚。

41116 开切眼断电仪 A 主机的隔爆面油迹清楚，小线无受热现象；41116 开切眼断电仪 B 主机的圈内无打火现象，小线橡皮柔软。

（2）41114 运输巷电气设备现场检查记录。

检查地点：41114 运输巷三号与四号联络巷之间。

检查时间：10 月 8 日 9 时 30 分至 11 时 30 分。

回柱绞车接线盒防爆面油迹清楚，接线柱无过热、无打火现象；喇叭嘴进线侧橡套电缆的橡套软，橡套被碰破，有一相芯线露出，无打火烧痕。

41114 运输巷附近风机电机负荷线被拉断，电缆被扒出，防爆面油迹清楚，接线柱无过热现象，无烧痕。

41114 运输巷对旋风机前部电机（出风侧）负荷线被拉出，接线盒防爆面油迹清楚，接线柱无过热打火现象；后部电机接线盒防爆面油迹清楚，接线柱完好，内无过热打火现象。

41116 开切眼 28 kW 风机防爆面油迹清楚，接线头无打火现象，接线完好。

41116 开切眼附近 28 kW 风机接线盒内有防爆合格证，接线盒防爆面油迹清楚，接线完好，无过热打火现象。

41114 运输巷第四号联络巷处回柱绞车的开关处于开启的位置，但其上一级的闭锁开关处于停电位置，绞车处于停止状态，不可能产生摩擦火花。

已勘察的电缆也未发现短路和接地现象。

井下已勘察区域未见到烟头和打火机等物品。

事故发生前 41116 的轨道巷和开切眼未进行爆破作业。

3）矿灯引爆瓦斯的依据

经调查，该矿的矿灯状况不好。首先是数量严重不足，1425 人领用矿灯，却只有 1151 盏服役矿灯，因此经常出现过放电使用情况。另外，在使用的矿灯中，有 296 盏超期服役，有 54 盏报废仍使用，矿灯使用中常出故障，坏灯泡、内部断线、红灯等情况严重。在 10 月 7 日 16 时 30 分至 17 时之间抽查的 50 盏矿工交还的矿灯中，发现有 5 盏灯泡坏了，另有 3 盏红灯，这也证明矿灯使用的状况不好。据矿灯维修工反映，矿灯在使用中存在擅自拆卸矿灯头、灯盒、换灯泡、用铁丝代替灯盒内连接条等多种违章现象。因此，可能在事故现场有矿灯出了故障，工人违章拆卸矿灯修理，造成火花外露，形成引爆火源。查通风调度记录发现，9 月 12 日至事故发生时的半个月时间内，瓦斯检查员就汇报发现 3 次矿灯不亮的问题。

4. 瓦斯积聚原因认定及理由

1）瓦斯积聚原因的认定

调查核实，9 月 27 日 14 时 45 分，41116 轨道巷停电；15 时 54 分，瓦斯检查员汇报，41116 轨道巷工作面瓦斯浓度在 8% 以上；18 时 18 分救护队下井，20 时开始排放瓦斯。41116 轨道巷掘进工作面共停电 315 min，按其绝对瓦斯涌出量为 3.46 m^3/min 计算，停风期间 41116 轨道巷的瓦斯涌出量为 1089.9 m^3。

事故当班运送综采支架，+1813 m 水平石门的 3 道风门开启频繁。16 时 20 分后，3 道风门中的 2 道风门一段时间不能关闭，且第 1 道风门被撞变形，漏风量增加。

19 时 24 分，掘进二队在送变速箱时，将当天中班打好的进风下山临时板门撞垮，漏风量增加，减少了整个系统的有效风量，并致使 41114 运输巷的进风量减少。

根据对 41114 运输巷通风状况的分析，在 41116 轨道巷排放瓦斯期间，41114 运输巷的 4 台局部通风机同时运行，且 41116 轨道巷因积水排风不畅，造成 41114 运输巷局部通风机内侧巷道内风流不稳定，并产生循环风，致使 41114 运输巷第四号联络巷附近巷道内的瓦斯浓度达到爆炸界限。

2）事故前 41114 运输巷存在循环风

（1）41114 原始风量计算。41114 运输巷的总进风量不能满足 3 台 28 kW 风机和 1 台 2×30 kW 对旋风机同时工作所需的吸风量，造成 41114 运输巷循环风。据事故前通风报表记录，41114 运输巷进风量最大为 1185 m^3/min，最小为 1021 m^3/min，一般在 1100 m^3/min 左右。据此推测，事故发生前，41116 运输巷进风口下的密闭被撞坏，造成 41116 运输巷、

41118 轨道巷风流短路。事故前，1813 轨道石门因运送支架等材料设备，3 道风门中的 2 道风门有一段时间不能关闭、有一道风门被撞变形，造成总回风、总进风漏风增大，减少了系统的有效风量。由于上述两方面的影响，事故前 41114 运输巷进风量应在 1000 m³/min 以下。

由于 41116 轨道巷积水等原因，在 9 月 27 日制定的 41116 轨道巷排放瓦斯措施中已将第五联络巷和 41114 备用工作面作为回风通道。

（2）风机出口风量。2×30 kW 对旋风机的出口风量为 430～600 m³/min，风压为 4500～5500 Pa；28 kW 风机的出口风量为 200～400 m³/min，风压为 2000～3000 Pa。

（3）41114 运输巷形成循环风的分析。以风机最小出口风量进行分析，41116 轨道巷停风期间，向 41116 开切眼送风的两台 28 kW 的风机在正常工作，其最小出口风量之和为 400 m³/min，此时 41114 运输巷不会有循环风。41116 轨道巷排瓦斯期间应分两个阶段：第一阶段用 1 台 28 kW 的风机排 41116 轨道巷外侧（风筒到 41116 开切眼开口以内约 90 m）瓦斯，这时向 41116 开切眼送风的两台 28 kW 的风机在正常工作。3 台 28 kW 风机最小出口风量之和为 600 m³/min，小于 1000 m³/min，因此 41114 运输巷不会有循环风；第二阶段在 3 台 28 kW 的风机正常工作的同时，开启 1 台 2×30 kW 对旋风机排 41116 轨道巷里侧的瓦斯，4 台风机最小出口风量之和为 1030 m³/min，超过了 41114 运输巷的进风量（小于 1000 m³/min），41114 运输巷内出现循环风。

根据风机风筒破损及敷设情况、41116 轨道巷及开切眼的回风风量实际情况分析可知，28kW 风机的出口风量应在 200 m³/min 以上，2×30 kW 对旋风机的出口风量应在 430 m³/min 以上，所以 41114 运输巷内会出现循环风，循环风量在 30 m³/min 以上。

实际上，该区域曾有 3 台局部通风机（2 台 28 kW 和 1 台 2×30 kW 对旋风机）就因系统有效风量减少出现过循环风。

3）41116 轨道巷排瓦斯期间回风瓦斯浓度计算

（1）41116 开切眼、轨道巷和 41114 备用工作面近期瓦斯涌出情况见表 8-1。

表 8-1　41116 开切眼、轨道巷和 41114 备用工作面近期瓦斯涌出情况

41116 开切眼			41116 轨道巷			41114 备用工作面		
日期	风量/ (m³·min⁻¹)	瓦斯 涌出量/ (m³·min⁻¹)	日期	风量/ (m³·min⁻¹)	瓦斯 涌出量/ (m³·min⁻¹)	日期	风量/ (m³·min⁻¹)	瓦斯涌出量/ (m³·min⁻¹)
9 月 19 日	3100.4	61.43	9 月 14 日	2570.8	22.11	9 月 22 日	4860.9	44.57
9 月 20 日	3100.4	61.43	9 月 19 日	2810.9	82.75	9 月 23 日	5761.1	6.34
9 月 23 日	2850.4	61.31	9 月 23 日	461.0	3.46	9 月 24 日	3781.06	4.01

据矿通风调度记录，41116 轨道巷在排瓦斯前已停风 315 min。按 9 月 23 日实测瓦斯涌出量计算，可得 41116 轨道巷风机停风期间涌出的瓦斯量为 1090 m³。

（2）瓦斯浓度计算基础数据。41114 运输巷正常期间进风量为 1100 m³/min，排瓦斯期间进风量为 1000 m³/min。41116 开切眼回风风量为 285 m³/min，瓦斯涌出量为 1.31 m³/min（9 月 23 日实测数据）。41116 轨道巷回风风量为 346 m³/min，瓦斯涌出量为 3.46 m³/min（9 月 23 日实测数据）。41114 备用工作面回风风量在正常期间为 378 m³/min（41116 轨道巷未积水时），瓦斯涌出量为 4.01 m³/min（9 月 24 日实测数据）；异常期间回风风量为

583 m³/min(41116 轨道巷积水时，9 月 27 日实测数据)。41116 轨道石门风量在正常期间为 722 m³/min(根据 9 月 24 日 41114 备用工作面实测风量计算)，异常期间为 517 m³/min (根据 9 月 27 日 41114 备用工作面实测风量计算)。41116 轨道巷工作面距开切眼约 210 m，巷道内新安设的 28 kW 风机风筒出口距开切眼约 90 m，轨道巷断面为 5.4 m²。该矿从 20 时开始排放瓦斯，到 20 时 30 分发生爆炸的时间间隔为 30 min。排瓦斯分两阶段进行，第一阶段只开 1 台 28 kW 风机，排放时间估计为 25 min；第二阶段增开 1 台 2×30 kW 对旋风机，排放时间估计为 5 min；28 kW 风机出风量取 200 m³/min，2×30 kW 对旋风机出口风量取 430 m³/min。

(3) 41116 轨道巷排瓦斯期间回风瓦斯浓度计算。

一是，积存瓦斯占据巷道长度计算。在停风期间，由于瓦斯在巷道内属扩散流动，所以在 41116 轨道巷道内瓦斯浓度内侧比外侧高。内侧平均瓦斯浓度按 80% 计算，外段平均瓦斯浓度按 70% 计算，整个巷道内的平均瓦斯浓度按 75% 计算，则：

$$L = 1090 \div (75 \times 5.4) \times 100 = 269 > 210$$

二是，第一阶段排瓦斯期间瓦斯浓度计算。41116 开切眼瓦斯浓度为

$$C_1 = [1.31 \times 25 + 5.4 \times (90 + 10) \times 70 \div 100] \div [(285 + 142.5) \times 25] \times 100 = 3.84\%$$

41116 轨道石门瓦斯浓度计算按 3 台 28 kW 风机出口风量总和计算，但由于停电影响，41116 轨道巷有积水没有及时抽出，造成巷道断面缩小，阻力增加，通风能力大大降低，使得一部分风量只好经过五号联络巷从 41114 备用工作面排走。

由 9 月 27 日实测风量和排瓦斯期间实际的进风量可知，41116 轨道石门的风量为 470 m³/min。则：

$$C_2 = [427.5 \times 3.84 \div 100 + (470 - 427.5) \times 0.2 \div 100] \div 470 \times 100 = 3.51\%$$

三是，第二阶段排瓦斯期间瓦斯浓度计算。41116 开切眼瓦斯浓度为

$$C'_1 = [1.31 \times 5 + 5.4 \times (210 - 100) \times 80 \div 100] \div [(285 + 142.5 + 346) \times 5] \times 100 = 12.45\%$$

41116 轨道石门瓦斯浓度按 41116 轨道巷内风筒的漏风量为 150 m³/min 计算，则

$$C'_2 = [(470 - 150) \times 12.45 \div 100 + 150 \times 0.2 \div 100] \div 470 \times 100 = 8.54\%$$

由 9 月 27 日实测风量和排瓦斯期间实际的进风量可知，41114 备用工作面回风风量为 530 m³/min，则：

$$C'_3 = [453.5 \times 12.45\% \div 100 + (530 - 453.5) \times 0.2 \div 100 + 4.01] \div 530 \times 100 = 11.44\%$$

根据上述分析及计算结果可得出，在 41116 轨道巷排瓦斯第二阶段，41116 轨道巷与 41114 运输巷间联络巷的漏、回风和循环风将回风流带回 41114 运输巷，形成了 "9·27" 瓦斯爆炸事故的瓦斯源。

(四) 事故原因

1. 直接原因

通过现场勘察及技术鉴定结果分析，可以认定这起瓦斯煤尘爆炸事故的直接原因：41116 轨道巷因停电造成瓦斯积聚，在排放瓦斯过程中，41114 运输巷的 4 台局部通风机同时运行，且 41116 轨道巷因积水排风不畅，造成 41114 运输巷局部通风机内侧部分巷道内风流不稳定并产生循环风，致使 41114 运输巷第四号联络巷附近巷道内瓦斯浓度达到爆炸界限。现场人员违章拆卸矿灯引起火花，造成瓦斯爆炸。

2. 间接原因

该矿"9·27"瓦斯煤尘爆炸事故原因联合调查组，经过井下现场勘察，查阅有关资料及找有关人员调查了解、谈话取证，分析认为这次瓦斯煤尘爆炸事故发生的间接原因主要有以下 6 个方面：

1) 瓦斯排放缺乏统一协调和指挥，措施贯彻不力，没有严格按措施排放瓦斯

(1) 没有召集有关人员对瓦斯排放措施进行认真研究，排放过程中值班领导没有统一协调、指挥。

(2) 排放瓦斯没有严格执行停电撤人措施。负责撤人警戒人员职责不清，警戒不力；该撤离的人员没有完全撤离；井下有些地点工作人员不知道正在排放瓦斯，进入回风流或正在排放瓦斯回风区工作；排放瓦斯与撤离人员不协调。

(3) 严重违章排放瓦斯。排放瓦斯的人员没有确认应撤离人员是否撤离就排放瓦斯；排放瓦斯的救护队员未佩戴呼吸器下井，无法进入高瓦斯区检测瓦斯浓度；没有按瓦斯排放措施将回风流的瓦斯浓度控制在 1.5% 以下，致使回风流中瓦斯浓度达到爆炸的界限。

2) 生产布局不合理，不合理集中生产，不利于安全生产

(1) 擅自修改采区设计方案，布置 41114 高档普采工作面，增设采区煤柱、留有顶煤，为以后 41114 轨道巷维护、通风管理及防止采空区自然发火带来困难，违反《煤矿安全规程》规定。

(2) 在四采区的一翼布置 41112 综采工作面、41114 高档普采工作面、41114 综采准备工作面和 6 个掘进工作面，这么多作业地点和人员集中在同一区域同时施工作业，不合理集中生产。

(3) 将采区设计的一个工作面，布置了 41114 高档普采工作面和 41114 综采准备工作面，大工作面套小工作面，先采小工作面，后采大工作面，不符合开采程序和回采顺序，违反《煤矿安全规程》规定。

3) 通风管理混乱，风量严重不足，瓦斯超限严重

(1) 通风系统不合理，风流不稳定。41114 运输巷应是 41114 工作面的进风通道，却给 1 个采煤工作面、1 个准备工作面和 2 个掘进工作面供风；41114 高档普采工作面、41114 综采准备工作面共用同一进风巷和回风巷，互相影响；41112 运输巷与 41114 轨道巷、41114 运输巷与 41116 轨道巷进回风巷之间，通风设施多，频繁行人、运料，漏风严重，风流不稳定。

(2) 采区风量不足，超通风能力生产，瓦斯超限严重，严重违反《煤矿安全规程》规定。按采区设计，1 个工作面、1 个准备工作面、6 个掘进工作面通风最困难时的设计配风量为 6975 m³/min，目前采区内已布置 2 个生产工作面和 1 个准备工作面、6 个掘进工作面，总进风才达 4800 m³/min。按作业规程要求，41116 开切眼需风量 640 m³/min、41116 轨道巷掘进工作面需风量 525 m³/min，2 处共需风量 1165 m³/min，2 个掘进工作面实际总风量才达 594 m³/min。由于风量不足，井下采掘地点瓦斯浓度经常处于临界状态，瓦斯超限严重。仅 9 月 24 日至 27 日，41116 轨道巷、41116 开切眼、41114 准备工作面等回风流最高瓦斯浓度连续 4 天均在 0.98% 以上（9 月份瓦斯日报）。

(3) 局部通风管理混乱。局部通风机频繁跳闸，无计划停电停风现象严重，经常造成瓦斯积聚和无计划排放瓦斯。据调查，9 月 1 日至 27 日瓦斯超限达 23 次，无计划停电

17 次；有时一个掘进工作面 1 天内多次停电停风，甚至在一个班内多次排放瓦斯。

（4）通风设施管理不到位。由于布局不合理，通风系统复杂、设施多。在事故四采区就有 19 处风门，在 41116 轨道巷和 41114 轨道巷之间就安设永久和临时风门 5 处；局部通风风筒破口多，损坏严重，接头不反边，漏风严重；主要进回风风门管理不严，只有一个专人看护，行人运料频繁，风流易短路，不稳定。

4）安全责任制不落实，安全管理不到位，现场管理混乱，存在严重"三违"现象

（1）矿务局、该矿在贯彻落实中共中央、国务院和省委省政府有关安全生产指示和文件方面虽做了一些工作，但安排布置多，督促落实少，有些隐患多次布置得不到整改。特别是国务院安全生产紧急电视电话会议后，国家煤矿安全监察局 9 月份 2 次通报了贵州省连续发生重特大事故情况，省委省政府加大安全工作力度，省领导和有关部门多次检查督促，仍未引起高度重视，最终发生这次特大瓦斯煤尘爆炸事故。

（2）没有处理好安全与生产的关系，重生产，轻安全。采掘紧张，压任务，赶产量，忽视安全。该矿没有召开过"一通三防"专题会议研究解决风量不足、瓦斯超限等问题；8、9 月份，没有召开安全办公会议。

（3）安全责任制不落实，干部责任心不强。矿务局有关领导及业务部门，对该矿增加普采工作面、不合理集中生产，没有及时采取措施，采取默认的态度。对风量不足、瓦斯频繁超限等重大隐患，没有认真进行专题研究，且有关业务部门督促检查不力。矿领导没有严格执行调度值班和交接班制度，事故当天下午，排放瓦斯措施要签字时，值班领导才知道自己要值班。有关安全技术措施审批不严，贯彻执行不力，特别是在进行瓦斯排放时，有些相关人员不知道瓦斯排放的时间、地点和停电撤人范围。负责撤人警戒人员责任不落实，致使一边排放瓦斯，一边仍在回风流作业。事故当天掘进区虽征得值班领导同意，停电增设风机，但没有考虑停电停风后防止瓦斯积聚的措施，致使瓦斯积聚，排放过程中发生瓦斯爆炸。

（4）现场管理混乱，存在严重的"三违"现象。个别采掘工作面违反《煤矿安全规程》规定，甩掉煤电钻综合保护装置；用新鲜风流吹瓦斯监测探头，致使瓦斯超限不能实现瓦斯闭锁，严重违章作业；职工在井下乱拆乱卸矿灯，矿灯损坏、失爆严重。

（5）对防尘工作不重视，设施不完善。掘进工作面遇断层时将防尘水管改为压风管；防尘管路损坏严重，供水不足；采煤工作面喷雾洒水管不好；干打眼现象严重，煤尘比较大。

（6）机电管理混乱，设备老化，电机经常烧坏，风机频繁跳闸，无计划停风停电严重。风机更换后管理牌板不调换，造成误开误停风机；井下作业地点存在"鸡爪子""羊尾巴"等失爆现象。

5）安全投入不足，存在安全隐患

（1）按突出煤层管理的事故采区，没有开采保护层；掘进工作面瓦斯绝对涌出量超过 3%，没有进行预抽；正在生产的工作面抽放工作也不到位，违反《煤矿安全规程》规定。

（2）电气设备超期服役，长期带病运转。矿井主要设备 310 台（件），有 86 台（件）超期服役；正在使用的 14 台刮板输送机有 5 台报废再用，5 台超期服役。

（3）矿灯数量不足。全矿领灯入井人数 1425 人，矿灯总数只有 1151 盏，其中超期再

用的 296 盏，报废再用的 54 盏。职工经常加班延点，矿灯灭灯率和红灯率高。职工乱拆卸矿灯，矿灯损坏、失爆严重，违反《煤矿安全规程》规定。

（4）全矿近年来没配备自救器，职工下井不携带自救器，违反《煤矿安全规程》规定。

6）职工素质低，安全教育不够，安全意识淡薄

（1）安全技术力量薄弱。全矿只有 1 名高级工程师，18 人有本科学历（包括电大和函授教育）；井下一线职工 80% 是农民协议工。

（2）企业没有处理好安全与效益的关系，重生产、重效益、轻安全。该矿自 2000 年以来没有召开"一通三防"安全例会，没有认真研究解决矿井"一通三防"方面存在的问题。

（3）对职工缺乏必要的培训和教育，职工素质低，安全意识淡薄。该矿一线职工 80% 是农民协议工，对他们的安全培训教育不够，存在甩掉煤电钻综合保护装置作业、用新鲜风流吹瓦斯监测探头、在井下拆卸矿灯等严重违章现象。

（五）事故教训与防范措施

1. 事故教训

（1）各级领导一定要牢固树立安全第一的思想，正确处理好安全与生产、安全与效益的关系，确保必要的安全投入，提高矿井的抗灾能力。

（2）建立健全并认真落实各项安全管理制度。各级领导干部要及时研究解决安全生产中存在的问题，在排放瓦斯、巷道贯通等重要工作的进行过程中矿领导必须现场指挥，确保安全生产。

（3）进一步提高对瓦斯灾害的认识，严格坚持"瓦斯超限就是事故"的原则。坚持"先抽后采，先抽后掘，以风定产"，加强矿井瓦斯抽放工作。做到合理安排矿井和采区的采掘工程，合理分配矿井风量，坚决防止超通风能力生产。

（4）加强技术管理，建立健全管理制度，及时研究矿井存在的技术问题。排放瓦斯、风量调整、巷道贯通等必须建立会审制度，并严格落实责任制。

（5）严格现场管理，强化监督机制，把好现场管理的各个环节，堵塞各种漏洞，对"三违"人员要严肃处理。要充分发挥群众安全检查的作用，做到专检与群检相结合，依靠广大职工搞好安全生产。

（6）强化培训和安全教育，有针对性地加大对全体职工的培训和教育力度，切实提高职工的技术水平，增强职工的自主保安意识。

2. 防范措施

（1）合理布置采区巷道，既要使生产系统合理，又要保证通风系统的稳定、合理、可靠。对采区和工作面通风稳定性起重要作用的风门必须设连锁装置，防止风流短路。

（2）加强矿井瓦斯抽放工作。该矿绝对瓦斯涌出量为 29.93 m^3/min，且有煤和瓦斯突出危险。现开采的采煤工作面的绝对瓦斯涌出量均超过 5 m^3/min，部分掘进工作面的绝对瓦斯涌出量也超过 3 m^3/min，必须按《煤矿安全规程》的规定进行瓦斯抽放工作。

（3）加强局部通风管理。必须配齐"三专两闭锁"，保证掘进工作面通风的可靠性。

（4）建立健全矿井安全监测系统。配足瓦斯监测探头，保证监测系统所有功能的正常使用，并建立健全瓦斯监测系统管理制度。

（5）加强技术管理，建立健全管理制度。排放瓦斯、巷道贯通、风量调整等，必须建立会审制度，并严格落实责任制。

（6）加强矿井防尘工作。健全矿井防尘系统和隔绝煤尘爆炸措施，并保证正常使用。

四、山西某矿煤尘爆炸事故

某年 11 月 27 日 12 时 9 分，山西省某矿井下发生瓦斯煤尘爆炸事故，死亡 110 人，4 人下落不明，直接经济损失约 976 万元。

1. 矿井概况

该矿是乡办煤矿，于 1983 年建井，1985 年开始出煤，批准井田面积 1.45 km²，地质储量 2787.4×10⁴t，井田西部与户部乡小梁沟煤矿相接，允许开采侏罗纪 2 号、3 号、8 号、9 号、11 号煤，煤层平均厚度为 3.5～4 m，倾角为 2.5°～4.5°，瓦斯相对涌出量为 5.598 m³/t，绝对涌出量为 0.233 m³/min，属低瓦斯矿井。煤尘爆炸指数为 33.47%～35.7%，属强爆煤尘。

1990 年 10 月，经大同市煤炭设计室进行扩建工程初步设计，矿井生产能力由 12×10⁴ t/a 增至 21×10⁴ t/a，采矿许可证注名矿山规模 30×10⁴ t/a。

该矿采用斜井开拓，主井筒斜长 540 m，倾角 19°，副井筒斜长 524 m，倾角 21°，在井田内已开一新斜井延深 11 号煤层，在 3 号煤层与 8 号暗斜井贯通，利用旧井回风。现采 2 号、3 号煤层，目前 2 号煤层将近采完，只剩下 1 个盘区，布置 1 个掘进工作面和 2 个回采工作面。现主采 3 号煤层，2 号、3 号煤层层间距 60 m，通过 6 个暗斜井从 2 号煤层通向 3 号煤层。3 号煤层有 4 个盘区生产，布置 9 个掘进工作面和 5 个回采工作面。采用刀柱和仓房式采煤法，采用煤电钻打眼、爆破落煤、人工装煤、木点柱支护、回柱放顶，三班作业。

运输方式采用 11.4 kW 调度绞车、1 t U 型矿车进工作面运输，主井采用 ZJK-2/200 型绞车双钩串车提升。

矿井采用中央并列抽出式通风，主井进风、副井回风。主要通风机型号为 2K58-No18～25，电动机功率为 75 kW，额定风量为 1800³/min，实测风量为 2260 m³/min，井下实需风量为 5464 m³/min，矿井无备用主要通风机和备用电机。井下共有风桥 8 座，密闭 200 多道，掘进工作面采用局部通风机通风。井下共有 17 台局部通风机，其中使用 7 台，通风线路长，下行通风。

防尘系统由大同市煤炭局设计室设计，地面完成 200 m³ 蓄水池，整个系统没有全部建成正常使用（已通过验收），井下派有洒水工洒水灭尘，井下无隔爆设施。

2. 事故经过

11 月 27 日早班工人 7 时陆续到井口，没有召开班前会，采掘工分别进入 10 个掘进工作面和 7 个回采工作面作业，绞车工、瓦检员、挂钩工等辅助工各自进入工作岗位。7 时 30 分，生产副矿长李某组织召开调度会议，安排机电负责人刘某解决矿车不足问题，李某和安全副矿长周某等人下井进行安全大检查。8 时 20 分，李某、周某和技术科长许某下井检查，他们先去 2 号煤层采掘工作面，没有发现异常情况。在到 9 号暗斜井检查前，李某提出："新井至今还未见煤，我先去那里看看"，随后升井。周某和许某先后检查了 9 号暗斜井、1 号暗斜井，均未发现问题。12 时 6 分，周某和许某升井，回到办公室。12 时 9 分，一声巨响，井下发生爆炸，主井口砌碹全部被摧垮，料石块封堵了主井口，副井口防爆门被冲开。

3. 事故原因

（1）3 号煤层 11 号暗斜井 5 号贯眼回柱放顶，使采空区高浓度瓦斯不断涌入巷道，巷间无隔风闭墙，致使风流短路，全巷处于无风、微风、循环风状态，造成瓦斯积聚。电工带电检修开关，电火花引爆瓦斯，进而引起煤尘爆炸，这是造成事故发生的直接原因。

（2）通风、瓦斯、煤尘、机电管理混乱，"一通三防"工作没有落到实处。矿井总风量不足，通风线路长，盘区之间有角联巷道，风流紊乱。通风设施不齐全，质量差，存在风流短路、漏风、串联风、循环风。井下作业点多，局部通风机数量不足，使用不当，时停时开，工作面处于微风、无风作业。

瓦斯检查制度不落实，瓦斯检查员严重不足，存在空班漏检现象，没有严格执行"一炮三检制"。11 号暗斜井回收煤柱工作面瓦斯浓度超限，没有记录，瓦斯检查流于形式。矿井无瓦斯监控报警设施，没有配备自救器。对强爆煤尘没有采取综合防尘措施，静压洒水系统没有按规定完工，仅有的洒水管路也不能正常使用。巷道积尘严重，未能及时冲洗，没有隔爆设施。井下变压器容量不足，局部通风机、绞车不能同时运行，机电设备失爆严重，明接头、明打点多，没有"三大保护"。

（3）超设计能力、超负荷开采，不尊重科学，不按客观规律办事，盲目生产，导致井下诸多事故隐患得不到解决，这也是造成事故发生的又一主要原因。

（4）有章不循，各种规章制度不能落到实处，职工安全教育培训不落实，多数特殊工种未能做到持证上岗，工人流动性大，职工素质低，对外包工队管理不善，以包代管。下井前不召开班前会，入井登记不严，现场管理混乱，这是造成事故发生的重要原因。

（5）有关领导和有关部门贯彻国家有关煤矿安全生产方针、政策不够，对该矿安全生产管理不严，监督、检查、指导不力，重生产、轻安全，产出多、安全投入少，这也是造成事故发生的原因之一。

参 考 文 献

［1］ 国家安全生产监督管理总局，国家煤矿安全监察局. 煤矿安全规程［M］. 北京：煤炭工业出版社，2016.

［2］ 中华人民共和国卫生部. GBZ/T 192—2007 工作场所空气中粉尘测定［S］. 北京：人民卫生出版社，2008.

［3］ 国家安全生产监督管理总局. AQ 4202—2008 作业场所空气中呼吸性煤尘接触浓度管理标准［S］. 北京：煤炭工业出版社，2009.

［4］ 国家安全生产监督管理总局. AQ 4203—2008 作业场所空气中呼吸性岩尘接触浓度管理标准［S］. 北京：煤炭工业出版社，2009.

［5］ 国家安全生产监督管理总局. AQ 4205—2008 矿山个体呼吸性粉尘测定方法［S］. 北京：煤炭工业出版社，2009.

［6］ 中华人民共和国卫生部. GBZ 159—2004 工作场所空气中有害物质监测的采样规范［S］. 北京：人民卫生出版社，2004.

［7］ 国家煤矿安全监察局人事培训司. 矿尘防治［M］. 徐州：中国矿业大学出版社，2002.

［8］ 中国煤炭工业劳动保护科学技术学会. 矿井防尘防治技术［M］. 北京：煤炭工业出版社，2007.

［9］ 陈光海，姚向荣. 煤矿安全监测监控技术［M］. 北京：煤炭工业出版社，2007.

图书在版编目（CIP）数据

矿井粉尘防治/郝玉柱主编 . --2 版 . --北京：煤炭

工业出版社，2017

中等职业教育"十三五"规划教材

ISBN 978 - 7 - 5020 - 5943 - 9

I. ①矿… Ⅱ. ①郝… Ⅲ. ①矽尘—防尘—中等专业

学校—教材 Ⅳ. ①TD714

中国版本图书馆 CIP 数据核字(2017)第 148692 号

矿井粉尘防治　第 2 版（中等职业教育"十三五"规划教材）

主　　编	郝玉柱
责任编辑	张　成
编　　辑	郝　岩
责任校对	尤　爽
封面设计	王　滨

出版发行　煤炭工业出版社（北京市朝阳区芍药居 35 号　100029）

电　　话　010 - 84657898（总编室）

　　　　　010 - 64018321（发行部）　010 - 84657880（读者服务部）

电子信箱　cciph612@ 126. com

网　　址　www. cciph. com. cn

印　　刷　北京玥实印刷有限公司

经　　销　全国新华书店

开　　本　787mm×1092mm $\frac{1}{16}$　印张　9 $\frac{1}{4}$　字数　214 千字

版　　次　2017 年 8 月第 2 版　2017 年 8 月第 1 次印刷

社内编号　8823　　　　　　　定价　19.00 元